·职业技能短期培训教材·

烹 饪

◎ 于艳青 李 梦 主编

U0306847

中国农业科学技术出版社

图书在版编目（CIP）数据

烹饪／于艳青，李梦主编．—北京：中国农业科学技术出版社，2019.2（2022.7重印）

ISBN 978-7-5116-4046-8

Ⅰ.①烹…　Ⅱ.①于…②李…　Ⅲ.①烹饪-技术培训-教材

Ⅳ.①TS972.1

中国版本图书馆 CIP 数据核字（2019）第 024297 号

责任编辑	白姗姗
责任校对	贾海霞

出　版　者	中国农业科学技术出版社
	北京市中关村南大街 12 号　邮编：100081
电　　　话	（010）82106638（编辑室）　（010）82109702（发行部）
	（010）82109709（读者服务部）
传　　　真	（010）82106650
网　　　址	http://www.castp.cn
经　销　者	各地新华书店
印　刷　者	北京建宏印刷有限公司
开　　　本	850mm×1 168mm　1/32
印　　　张	4.5
字　　　数	110 千字
版　　　次	2019 年 2 月第 1 版　2022 年 7 月第 2 次印刷
定　　　价	29.00 元

前　言

我国烹饪是中华民族优秀文化遗产的一个组成部分。烹饪指的是膳食的艺术，是一种复杂而有规律地将食材转化为食物的加工过程，是对食材加工处理，使食物更可口、更好看、更好闻的处理方式与方法。一道美味佳肴，必然色香味意形养俱佳，不但让人在食用时感到满足，而且能让食物的营养更容易被人体吸收。

本书介绍了烹饪工应掌握的工作技能及相关知识，包括原料基础加工，刀工技术，配菜技术，烹饪勺工，火候技术，调味技术，原料的初步熟处理，出肉、取料、去骨，挂糊、上浆、勾芡，冷菜制作，热菜制作等内容。

本书适合相关职业学校、职业培训机构在开展职业技能短期培训时使用，也可供烹饪工作相关人员参考阅读。

编　者

2019 年 1 月

前　言

编者

2019 年 月

目　录

烹 饪

第一章　原料基础加工

第一节　新鲜蔬菜的基础加工

一、蔬菜初步加工要求

（一）黄叶老叶需拣净

蔬菜上的黄叶、老叶及不能食用的部分必须去净，否则，会影响菜肴的质量。

（二）虫卵杂物洗涤净

蔬菜叶背上和根部会带有虫卵，泥沙也较多，必须洗涤干净。

（三）蔬菜要先洗后切

蔬菜一定要先洗干净后再切。否则，会从刀口处流失许多有营养价值的汁液，也容易被污染。

（四）食用部分尽量留

蔬菜在拣选过程中尽量保留食用部分，以达到物尽其用。例如，芹菜取秆也要留叶；香菜食叶也要吃根。

二、蔬菜初步加工步骤

（一）削剔整理

这是蔬菜初步加工的第一个步骤。就是把蔬菜上的泥土、杂物及不能食用的部分完全去掉。根据蔬菜种类的不同，一般有拣剔、撕择、剪切、刮削等方法。如菠菜、油菜要去掉黄叶、烂叶；白菜要撕掉老帮，切去老根；茭白、山药、马铃薯要剥去老壳、削皮；豆角要摘掉顶尖和蒂，并撕去老筋；冬瓜、南瓜等要削去外皮，挖去瓜瓤等。

（二）洗涤处理

这是蔬菜初步加工的第二个步骤。根据蔬菜的种类和烹调的具体要求，可分为以下几种方法。

（1）冷水洗涤。蔬菜上的泥土杂物一般用清洁的冷水都能洗净，并能保持蔬菜的新鲜整洁。洗涤时根据污秽程度，采用直接洗涤、先浸后洗、边冲边洗等方式，直到洗净为止。

（2）温水洗涤。如在天气寒冷时，蔬菜上的泥污和杂物用冷水就不易除净，故最好用温水洗涤。但水不可过热，以避免绿色蔬菜受到影响。

（3）盐水洗涤。盐水洗涤有杀菌作用。有些叶面上的小虫用清水不易除净，如放在2%的食盐溶液中浸洗，小虫就会浮在水面而被除掉。

（4）食用碱或小苏打洗涤。在温水或冷水中加些食用碱或小苏打，不仅能洗净蔬菜，而且还能洗掉蔬菜上的残留农药。

三、蔬菜初步加工的具体应用

（一）叶菜类

（1）韭菜。择去黄尖，除去老根，洗净，控干水分。

（2）香菜。择去黄、烂叶，原棵洗净。

（3）空心菜、菠菜。择去黄烂叶及不能食用的部分削去根须，原棵洗净。

（4）卷心菜。切去根和老叶，洗净。

（5）大白菜。剥去外层老帮，然后逐一分瓣，洗净。根据菜肴要求，把帮、叶从中切开。

（6）油菜。把外层老叶和黄叶择出去，分瓣洗净。如用油菜心，内里留着4~5片不要剥开，然后先用刀把根部削尖，再洗净即可。由于油菜茎根部易藏有泥沙，一定要洗涤干净。

（7）油麦菜、茼蒿、木耳菜、豌豆苗、豆瓣菜。捡净杂质，洗净。

（8）生菜。分瓣逐一洗净。如有生吃，必须洗净，以彻底去除可能留存的农药化肥残留。

（9）芥蓝。除去老叶、外皮老根、洗净沥干。

（10）香椿。先切去茎下部质老的部分，洗净。

（11）芦荟。用小刀削去表层薄皮，洗净。

（12）仙人掌。用小刀削去表层薄皮及刺，洗净。

（二）根菜类

（1）萝卜类。把外表泥洗净，刨去外皮，切去顶苗和尾根即可。

（2）莲藕。洗去泥，刮去藕皮，削净藕节。鲜藕去皮时，用刀削往往削得薄厚不匀，削过的藕还容易发黑。若用金属丝的清洁球去擦，可擦得又快又薄，就连小凹都能擦得干干净净，且去完皮的藕还能保持原来的形状，既白又圆。

（3）山药。削去表皮、洗净，用清水泡着备用。山药好吃，但皮难去，可把买来的山药洗净，然后用开水烫一下再去皮，这时，不但皮好刮而且也没黏液了。

(三) 茎菜类

(1) 芹菜（香芹、西芹）。择去叶片，把茎部撕去筋及老皮。

(2) 蒜薹。择去顶花、切去老梗，洗净。

(3) 百合。剥开，洗净即可。

(4) 蒜苗。先剥去外层带泥的皮，去除黄、烂叶，洗净，去须根即好。

(5) 荸荠（马蹄）。切去头尾，削净外皮，洗净，浸于清水中。

(6) 茭白（茭笋）。剥去外壳，切去苗，刨皮。

(7) 甘薯、马铃薯。削去外皮，挖出芽眼，洗净后用清水浸着备用。

(8) 莴笋。先掰下笋叶，再切去根部，最后削去外皮。

(9) 黄豆芽、绿豆芽。修切去根须即可；绿豆芽择去头尾即为银针。

(10) 笋（鲜笋、冬笋、笔笋等）。切去头部粗老的部分，剥去笋外壳，取出笋肉，用刀削去外皮，使其圆滑，然后用水滚至熟透。

(11) 甘蓝、球茎甘蓝。撕去表皮，洗净。

(12) 芋头。削去表皮，挖净芽眼。

(13) 慈姑。刮去外衣，洗净。

(14) 芦笋。削去外层硬皮，切去下面质老的部分。

(15) 洋葱。切去头尾，剥去外衣。

(16) 生姜。用清水洗净泥沙即可。由于生姜体积不大，且又凹凸不平，在洗涤时掰开洗，并用自来水多冲洗一会，便可洗净。

（四）果菜类

（1）佛手瓜。刨去外皮，按需要加工形状。

（2）黄瓜。先用清水洗净，再用刨皮刀把黄瓜把处的皮削去。因为这部分的皮发苦。

（3）苦瓜、丝瓜、冬瓜。一般是先刨去外皮，再一切为二，挖去籽瓤，即可。

（4）南瓜。洗净，切开，去籽瓤即可。

（5）葫芦。洗净，刨皮，切去两头。

（6）番茄。择去蒂，洗净，或在其顶面划一个十字刀口，用沸水略烫，撕去皮即可。

（7）青椒、尖椒。先用清水洗净，再去蒂，去籽瓤。多数人在清洗青椒时，习惯将它刨为两半，或直接冲洗，其实这是不正确的。因为青椒独特的造型与生长的姿势，使得喷洒过的农药都累积在凹陷的果蒂上。

（8）茄子。将茄子洗净，刨去外皮，切掉蒂部即可。

（9）四季豆。摘去两头及两边筋络，洗净便好。

（五）花菜类

（1）西蓝花、菜花。切去托叶，切成小朵便可。

（2）黄花菜（金针菜）。洗净便可。由于鲜黄花菜中含有秋水仙碱，有剧毒。因此，在洗涤时要用开水将鲜黄花菜烫后浸泡，再用清水洗净。

（六）鲜食用菌类

（1）鲜蘑菇。削去泥根，洗净即好。由于鲜蘑菇表面有黏液，泥沙粘着不易洗净。洗蘑菇时，水里先放点食盐搅拌，泡一会再洗，就很容易将泥沙洗净。

（2）鲜平菇。除去老根，洗净即好。由于新鲜平菇本身就

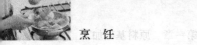

有水分，而且鲜平菇海绵般的菌体也能吸收大量水分，因此，在清洗时千万不能用水浸泡，清除表面脏污可用湿布抹，再用干布或洁净的纸擦干就可以了。这样清理出来的平菇，在炒菜时避免了过多的水分溢出，味道更鲜更美。

（3）鲜冬菇、茶树菇、鸡腿菇、金针菇。洗净即可。

第二节　畜肉类原料的基础加工

一、鲜猪肉的清洗

鲜猪肉上沾了脏物，难以用水清洗干净，如果用温淘米水洗两遍，再用清水洗，脏物即可除去；也可用一小团和好的面在脏肉上来回滚动，肉上的脏物便能很快除净。

二、咸肉的清洗

用浓度低于咸肉中所含盐分的盐水漂洗咸肉，咸肉中所含的盐分就会逐渐溶解于盐水中，最后再用清水漂洗两遍即可。

三、家畜内脏的清洗

1. 洗肚

把猪肚切成两半，将附在上面的油污杂物除净后，浇上一汤匙植物油，然后正反面反复揉搓，再用清水漂洗几次，便可。

2. 洗肺

将气管套在自来水管上，开小流量慢慢冲洗，直至肺叶呈白色。

3. 洗口条

先把口条浸泡在热水中，然后刮去舌苔、白皮，即可清洗干净。

4. 洗肠

先将肠子翻出，剔净油污后，加些碱面和食醋，反复揉搓后再用温水反复冲洗，即可除掉黏液和恶臭味。也可用半罐可乐腌半小时，再用淘米水搓洗，能迅速洗去大肠的异味。

5. 洗心

将其放入清水中，边洗边用手挤压，迫使内部污血流出，方可洗净。

6. 洗肝

先用少量面粉揉搓表面一会，再用清水反复漂洗，便可去净污秽和异味。

第三节　家禽类原料的基础加工

一、活鸡的初步加工

1. 割鸡喉放血

一手抓住鸡翼，用小指钩着一只鸡脚，大拇指和食指捏鸡颈，使鸡喉管突出，迅速切断喉管及颈部动脉。持刀的手放下刀，转抓住鸡头，捏鸡颈的手松开，让鸡血流出。

2. 褪毛

鸡死后，把它放进热水中烫毛。烫片刻后取出，拔净鸡毛。烫毛时，应先烫鸡脚试水温。若鸡脚衣能轻易脱出，说明水温合适；若脱不出，则是水温太低；若脚变形，脚衣难脱，就是水温偏高。水温合适时再烫全身，烫毛水温一般可掌握在 65～70℃（活鸭 75～80℃）。

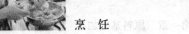

3. 开腹取内脏

在鸡颈背处切开一个 3 厘米长的小口，取出嗉囊、气管及食管。将鸡放在砧板上，鸡胸朝上，用手按住鸡腿，使鸡腹鼓起，用刀在鸡腹上顺切开口，掏出所有内脏及肛门边的肠头蒂（屎囊），在鸡脚关节稍下一点的地方剁下双脚。

4. 洗涤

将鸡全面冲洗干净即可。

要点：割喉放血位置要准确，刀口越小越好，确保顺利放血和鸡（鸭）迅速死亡。要把血放净，否则，肉中带血，影响肉体的色泽。鸡断气后，立即用 65～70℃ 的热水烫，边烫边翻拔毛。烫的时间不能过长，否则，影响鸡肉鲜味，水温过低不易拔毛，水温过高会把皮烫烂。挖出内脏时，一定要将肺剔出干净；肛门处一粒大如黄豆的屎巴要割去，避免带有鸡屎味；并从腿部膝盖处斩下。鸡体及内脏的血水和污物必须清洗干净。

此加工方法同样适用于活鸭，但鸭子的毛较难去除，宰杀之前喂一些酒，可使其毛孔增大，便于去毛。

二、鸭掌的初步加工

将鸭掌洗净，放在开水锅中氽烫片刻，烫的时间不能过长，以能褪下老皮为度。捞出来，用手轻轻褪下掌上的老皮，然后再放到开水锅中煮到八成熟捞出。煮时千万不能煮烂煮碎，以断生和能到骨为度。接着用小刀从鸭掌背部划开，把鸭掌上的骨头抽出来，即可备用。抽骨时，既要抽净骨头，又要保持鸭掌完整不破。

第四节　水产品的基础加工

一、鱼类

鱼类初加工有以下几种方法。

1. 刮鳞破腹取脏法

将鱼头朝左平放在案板上，左手压住鱼头，右手持"刮鳞刀"由尾往前把鳞刮掉，刮完鳞后把鱼鳃抠出。之后，在鱼腹顺长拉一口子，掏出内脏，用清水洗净内部血污和黑膜即可。这种方法适用范围较广，包括鲤鱼、草鱼、鲢鱼、鲫鱼、武昌鱼等。

2. 刮鳞不破腹法

将鱼头朝左平放在案板上，左手压住鱼头，右手持"刮鳞刀"由尾往前把鳞刮掉，刮完鳞后，在鱼肛门处横切一刀至切断肠子为准，用两根筷子（或铁棍）从嘴内将两面鱼鳃和内脏从嘴处搅出来，用水洗净即可。适用这种方法的有黄鱼、鳜鱼等。

3. 不刮鳞破腹法

剁掉鳍，用刀削掉腹部一层硬鳞（有的鱼没有这一步骤），抛开鱼腹，掏净内脏，刮去黑膜，挖去鱼鳃，用清水洗净血污即可。这种方法只适用于鲥鱼和一些无鳞鱼，如鲇鱼、带鱼等。

4. 剥皮破腹法

把鱼放在案板上，先用手撕取鱼皮，再用刀在鱼的下巴处竖刀刺开，取出内脏，用清水洗净血污即可。这种方法适用于比目鱼。

5. 剔取鱼肉法

如家里买了一条重 1 000 克以上的鲜鱼，想取头清炖，鱼尾来红烧，鱼肉来做一个熘鱼片或炒鱼丝，就必须学会取鱼肉的方法。

第一步：去大骨（脊骨、头、尾）。将洗净的鱼平放在案板上，头向左，背朝外。操作者左手持毛巾按紧鱼头，右手握刀从尾部肉皮进刀紧贴脊骨推拉刀片到鱼头处退刀。抽出刀在鳃盖后用直刀切下带胸刺得半片鱼肉，再用同样的方法把另一面取下。

要点：左手一定要用力压住鱼头，刀面紧贴脊骨片进，尽量使鱼骨上少带肉或不带肉。

第二步：去小骨。将一片带刺鱼肉的皮面朝下平放于案板上，背侧朝右，腹侧朝左，尾部朝外，左手压住胸部，右手握刀紧贴鱼的肋骨向左向下斜片至无骨处，然后立刀将鱼刺切下。另一半鱼肉也按此法片下胸刺。

要点：片胸刺时，刀刃应紧贴胸刺片进，尽量做到鱼肉上不带小刺。

第三步：去鱼皮。将一片鱼肉皮朝下平放在案板上，鱼头部分朝外，鱼尾朝里，左手指拉住鱼皮抵在菜板外缘，然后右手握刀在鱼尾端用立刀切至鱼皮处后，把刀转为坡刀向前批进至于鱼肉与鱼皮完全分离，即可得净鱼肉。另一半鱼肉也按此法取下鱼皮。

要点：直刀切时要用力适度，千万不能切断鱼皮；批鱼皮时，左手应用力往后拉，右手握刀用力向前推。这样才能顺利剔下鱼皮。要根据菜的要求去皮和不去皮，如剁鱼泥、切鱼片、切鱼丝就需要去皮，而做水煮鱼、酸菜鱼、菊花鱼则不能去皮。

6. 巧去苦胆味

宰鱼时如果不小心弄破了苦胆，鱼肉就会发苦，影响食用。鱼胆不但有苦味，而且有毒，经高温蒸煮也不会消除苦味和毒性。其去除方法是：在沾了胆汁的鱼肉上涂抹一些白酒、小苏打或发酵粉，然后用手指轻轻揉搓一会，再用清水漂净酒味或碱粉，苦味便可消除。

7. 巧抽鲤鱼筋

鲤鱼的皮内两侧各有一条似白色的筋，在初步处理时一定要把它抽出。一是因为它的腥味重；二是它属于强发性物（俗称"发物"），特别不适于某些病人食用。抽筋时，应在鱼的一边靠鳃后处用直刀切下至鱼骨，掰开刀口，见鱼肉上有一点白便是白筋，用手指捏住，另一只手轻拍鱼的表面慢慢即可拉出。另一侧也按此法抽出即可。

二、虾、蟹、贝及其他

1. 虾

（1）带壳虾的加工。虾有多种类型，应根据烹制菜肴的需要进行初加工：如制作"红烧大虾""盐水虾"之类的菜品，用的虾是带壳的，初步加工时应先用剪刀去虾须，接着在头部剪一小口，用牙签挑出沙包，再剪开脊梁，挑去泥肠，冲洗干净便可。

（2）取虾肉的方法。若用虾肉做原料，如"炒大明虾""清炒虾仁"都用虾肉。取虾肉的方法有两种：一种是挤，此法一般用于小虾，即一手捏住头，一手捏住尾，将虾身背颈部一挤，虾肉（即虾仁）便脱壳而出。另一种是剥，此法一般用于身大的虾，先剪去虾须，去头、尾和壳，再顺脊背拉一刀，剔除虾

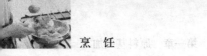

肠，洗净即可。可将虾煮熟再剥出虾肉。

要点：用于取虾仁的河虾应该是鲜活的，但鲜活河虾胶质多，出肉比较困难，则可以先在虾体上洒些冷水盖上湿布捂一捂，让虾死后，体质转白离壳就易于挤出虾仁。如果用淡明矾水，浸泡较短的时间，再挤虾仁，其效果更好。

（3）小龙虾的初加工。应先将小龙虾两边的鳃剪掉，挑出沙包，再剪开脊背，抽出肠子（即背部白筋），然后洗净即可。

（4）冷冻海虾仁的洗涤。首先将其解冻，浸泡在饱和浓度的食盐水溶液中（加盐于水中，一直加到不溶解为止，为饱和溶液），再用手顺一个方向不断地搅拌，至海虾仁筋膜脱落为止，虾仁即呈现玉白色，这段过程约20分钟。然后，用清水将海虾仁冲洗干净，除去筋膜，加干淀粉（每500克虾仁加100克淀粉）和少量清水搅和，静置半小时，再用清水反复漂洗干净之后，放入少量清水中泡一段时间，海虾仁即可恢复到原有的形态。

2. 螃蟹

（1）螃蟹的洗涤。螃蟹胃肠道内含有大量病菌和毒素，如果不注意卫生和煮熟，就会引起中毒，甚至危及生命。因此，吃螃蟹前必须进行一次初加工。就是要将螃蟹投入淡盐水中，待一段时间，促使体内污物排出，再放入清水中洗净，边洗边用毛刷擦干净。刷洗时不要冲击到蟹肉，以免鲜味流失。

（2）剥取蟹肉的方法。要想使蟹肉出得好出得净，其方法是：先将洗净螃蟹上笼蒸熟，取出晒凉，用刀切下肚挤，剥开蟹斗，去肚污、鳃，刮下蟹黄；再用刀将蟹的2只大脚和8只小脚斩下待剥。然后用刀沿蟹身将蟹劈成两半，用竹签剔下蟹肉，接着再把2只大脚放在案板上，用刀背轻轻敲拍，剥去外壳剔出蟹肉，把8只小脚用剪刀剪去脚尖，用小圆木棍滚压挤出蟹肉。至此，蟹肉全部剥完。

3. 蚶子

将蚶子放在加有少许盐的清水中喂养 1~2 天，让其吐尽泥沙，将刀由蚶出水孔处插入，沿壳向中一端推进，割断壳上闭壳肌，再把另一闭壳肌割断，摘去边缘，由中间片开相连，再片去内脏、黄，洗净即成。

4. 海螺

海螺的初步加工分为生取肉和熟取肉。

生取肉：将海螺壳砸破，取出肉，掐去螺腔，揭去螺头上的硬质胶盖，抠去螺黄，用盐和醋搓去黏液，清水洗净便可。生取螺肉色泽淡黄，质地紧密脆嫩，出肉率较低。

熟取肉：将洗净的海螺放在冷水锅中煮，待肉壳分离时捞出，用竹筷旋转挑出螺头和螺腔，揭去螺盖，抠去螺黄，清水洗净即可。熟取肉虽然出肉率高，但肉色灰白，质地糯软。

5. 鲜活鲍仔

将鲜活鲍仔放在案板上，用小刀沿鲍鱼边缘旋转一周，取出鲍肉，放在淡盐水中用小刷刷洗污物，备用；鲍仔壳放在含碱 5% 的水中，用毛刷刷净，入开水中煮过，捞出控尽水备用。

6. 鲜蛏

鲜蛏外具贝壳，内含泥沙，必须先进行初加工以去除外壳、泥沙，常用的方法有两种，其一，将活蛏放于 2% 的盐水中，静养 1~2 天，待其自行吐尽泥沙后捞出，放入开水中煮至蛏壳张开，捞起，剥出蛏肉。反复洗净即可。其二，将活蛏外的泥沙洗净，用小刀将壳剥开，铲下蛏肉。再用小刀刨开蛏肉，刮去细沙，用冷水漂洗 3~4 次至泥沙洗净即可。

7. 鲜活牡蛎

将鲜活的牡蛎买回后，应先用小铁锤将连在一起的牡蛎敲开，再用细刷子将其外壳上的泥沙洗干净。然后用尖刀插入其缝中，将牡蛎分开成两半，没连肉的那一半弃之不用，留下连肉带壳的那一半，根据菜品的不同食法，可分为两种加工方法：第一种是生吃类。用钳子先将牡蛎壳修成较为规则的圆形，再用冷水冲净备用。第二种是熟食类。将牡蛎肉从壳上用小刀取下来，用清水漂洗干净，沥干水分即可。

第五节 常用干货原料的基础加工

烹调中使用的干货原料，必须经过比鲜货原料加工时更为复杂的处理过程，这个处理过程通常称为干货的发制，也叫涨发、发料。发制的目的是使干货原料重新吸收水分，最大限度地恢复原有鲜嫩、松软的特点，除去腥臊气味和杂质，使之便于切配和烹调，合乎食用要求，利于消化吸收。干货发质的主要方法有水发、油发、碱发、盐发和火发 5 种，其中，最适宜家庭使用的是水发和油发。

一、海参

海参一般分为有刺参和光参两大类。其发制方法主要使用水发。发制时，可依原料性质的差异而不同。

皮薄柔嫩的红刺参、乌条参、花刺参等可用少煮多泡的方法。先用开水将海参浸泡 12 小时，换一次开水；待浸泡回软后，剖开腹部，去除内脏和杂物，洗净，放入开水锅慢火焖 30 分钟，离火再泡 12 小时，另换清水烧开后，继续放在开水里泡发，如此 2~3 天即可发好。

外皮坚硬、肉质软厚的大乌参、灰参、岩参等，在用水涨发前需用中火将其外皮烧焦，再用小刀刮去烧焦部分，然后再按上述水发法焖煮发制，否则，不易发透。

海参发制时的关键。

一是发制海参时所用的容器不能用铁质或铜制的。一般都是选用陶瓷或不锈铜器皿。

二是在发制海参的过程中都不可沾油、碱、盐等成分。因为沾油、碱易使海参腐烂溶化，沾盐则使海参不易发透。

三是发制海参时，要先用温水将其表面灰分洗净，再同冷水入锅，带起烧沸后，离火浸焖。浸焖的水温一定要掌握好，过低，不仅色泽欠佳，而且出数率低；过高，海参内部充分涨发，表面肉质易碎烂。

四是涨发海参最好采用少煮多泡的方法，每次煮的时间仅为1~2分钟，然后就是长时间的浸焖。待水冷后，再上火煮1~2分钟，离火浸焖。每煮沸一次，需换清水。

五是海参发到五成软时，即可剖腹去内脏和杂物。如果等到海参完全涨发好才取内脏，则很容易把参体弄碎。

六是在发制过程中，要勤检查，既要防止发不透，也要防止过于软烂。可陆续将发好的挑出浸泡于清水中备用。

七是因海参在干制过程中常要用到石灰等物质，所以，每次浸焖后都要用流动水冲漂，以去除其异味。

八是如发好的海参一次用不完，则继续用清水泡住且经常换水。如夏季天热，可放在保鲜盒内，加清水，入冰箱保鲜层保存。切忌入冰箱里冷冻保藏，否则，海参会变成蜂窝状，口感不佳。

二、鱿鱼干

将鱿鱼干放在小盆内，加入清水浸泡约数小时至回软后，清洗干净；接着，取适量食用碱放在小盆内，注入温水对成浓度为5％的碱溶液，放入鱿鱼浸泡数小时，见鱿鱼由淡黄色转玉白色（指新货），隔年鱿鱼呈浅棕红色，半透明，质糯而富有弹性，鱿鱼薄边用手指掐动即为发好。然后用清水冲漂净碱味，再用清水泡住待用。涨发时应注意以下几点。

一是要掌握好碱液浓度、稀释碱液浓度，主要是减弱喊性对原料的腐蚀。碱性越强，腐蚀性越大。碱性过强会出现原料表面糜烂黏滑，肌里仍未发透，俗语说"皮焦心不烂"。从实际操作来看，一般以5％的碱溶液为好。

二是要掌握涨发时间，过短，原料在碱溶液中不到位，质地形成不松糯、柔软、脆嫩、光滑晶亮，涨发率也不高；过长，吸水超标，原料肌体蛋白组织受碱性影响，致密度过分松弛，涨发后质地变得松、软、烂，表面出现裂痕，剞花刀时松软无弹性，容易断裂，更不易呈卷筒状。

三是由于鱿鱼干的质量不一，故在涨发时要勤观察，把涨发好的挑出，未涨发好的继续浸泡。以免出现涨发过头或涨发不透的情况。

四是鱿鱼发好后，一定要用清水反复冲洗冲漂，以去尽碱分，否则，成品发涩，影响成菜口味。

五是发好的鱿鱼用清水泡住，最好在一周内用完。若一时用不完，可用清水泡住存入0℃的冰箱中。千万不可结冰，否则，质量降低，口感不佳。

三、鱼肚

鱼肚是鱼鳔干制而成，有黄鱼肚、鲟鱼肚等。其发制方法有水发和油发两种。常用的是水油发方法。

第一步，油炸。将净锅置中火上，注入烹调油后，再把用温水洗过并沥干水分的鱼肚放入油锅中，左手握炒锅，右手持手勺不停地来回推动，随着油温的不断升高，鱼肚也开始由大变小，当鱼肚再由小变大时，一直保持此油温炸至恢复到原来的大小时，用手勺将鱼肚压入油中，见其自然漂浮捞起。此过程应注意以下几点。

一是必须选干燥、无变质的鱼肚。潮湿的鱼肚应先烘干，否则影响油炸效果。

二是用油务必选用清亮、无异味的色拉油、烹调油，否则，会影响鱼肚色泽鲜亮的效果。

三是鱼肚应与冷油同时下锅，逐渐加热，使油温始终保持在三四成热之间。切忌油温过高，以免成品无筋力，泡发时易糜烂，也会降低成品出数率。

四是当鱼肚由小变大时，应用手指沾点冷水洒入锅中。随着油温的噼啪声，鱼肚也会随着涨大。同时，还可降低油温，避免鱼肚炸上色。

第二步，水煮。将炸好的鱼肚放在汤锅中，加入清水煮沸后用温火焖煮约 30 分钟至鱼肚无硬心时离火，捞出。因为，用大火焖煮，鱼肚表面易煮至溶化但内部发不透，影响涨发质量。

第三步，碱水泡。将水煮好的鱼肚捞出沥干水分，放在小盆内，注入用开水对成的 5% 碱溶液，上扣一重物，待泡至鱼肚呈海绵状且富有弹性时即好。此过程应掌握以下几点。

一是碱水的浓度不是一成不变的，应根据季节变化而掌握，一般是夏天的浓度比冬天的浓度小一些。

二是要掌握好泡制时间。如过长，鱼肚发过了头，易糜烂破碎，口感松散无劲；过短，鱼肚涨发不透，影响出数率。

三是鱼肚用碱水泡好后应马上捞出，否则，鱼肚中的蛋白质等物质长时间与碱水接触，会影响其品质。

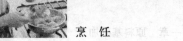

第四步，水漂。方法是将碱水泡好的鱼肚放在自来水龙头下冲漂净碱分，然后用清水泡住，待烹。其一，注意必须把碱分除净，否则，成菜有涩味，口味欠佳；其二，如鱼肚一时用不完，可用清水泡注入0℃的冰箱中保存，但千万不可结冰，否则，口感松散无劲。

四、鱼骨

鱼骨因质地透明，又叫明骨。属海产"八珍"之一。这种软骨从鱼身上取下来后，用沸水烫至七成熟时立即捞出投凉，用小刀刮去骨上残肉，洗净血污和骨髓，最后晒干而成。鱼骨的主要营养成分是骨素，对人的神经、肝脏、循环系统都能起滋补作用。鱼骨在烹制前，必须经过较复杂的处理，即涨发，方法是：用清水将鱼骨表面的灰尘洗去，沥干水分，装入碗内，加水（淹没没料），另放葱段、姜片、料酒，连碗端入笼中蒸0.5~1小时，待鱼骨回软时取出，拣去葱段、姜片，再用清水浸泡24小时（中间换水1次），至鱼骨柔软透明、富有弹性时，再换清水浸泡备用。

涨发时需注意：因鱼骨大小老嫩有别，故蒸制的时间长短不一。其中，透明度强，色泽白亮的是嫩骨，蒸30分钟即可；反之，时间可长些，但也不宜太长，太长则鱼骨过于软烂，会影响菜肴口感。

第六节　果品类的基础加工

一、鲜果品的正确洗涤法

先把鲜果表面泥土脏物用清水洗去后，再放在有清水的盆中，滴几滴餐具洗涤剂，搅拌一下，浸泡约 10 分钟，捞出后再用清水冲一下，沥干，即可放心大胆地食用。这是因为农药等有毒物质在生产过程中，要加入一些油性载体，以便喷洒和使用时能有效地黏附在农作物表面，达到杀灭害虫的目的。这些有毒残余附着物和其他病菌，光用清水是无法洗干净的。而餐具洗涤剂中含有多种活性物质和乳化剂，能把各种污渍和有害物质变成溶解于水中的乳化物，漂洗时随水冲走。

二、几种鲜果品的去皮法

1. 苹果去皮法

苹果最有营养的是贴在皮下的那部分，用刀削皮总是会把最有营养的部分一起削掉。怎样才能弥补这种不足呢？把苹果放在开水中烫 2~3 分钟，这时皮便可像剥水蜜桃那样撕下来。这样既去了皮，又保留了苹果的营养。

2. 柑橘去皮法

柑橘皮很难剥。欲剥柑橘皮时，先将柑橘洗净，放在桌上。用手按住转圈滚动数分钟，然后以蒂尾为中心，用刀顺着柑橘瓣向下划开柑皮，划的深度以划到柑肉为好。这时，只要用手轻轻一剥，皮肉即可分开。

3. 鲜桃去皮法

将鲜桃放在滚水中浸泡约 1 分钟捞出，再浸入冷水中，皮就会很容易剥下。

4. 葡萄去皮、去籽法

将葡萄洗净后放在小盆内，注入烧滚动的沸水，浸泡一会，葡萄皮就很容易撕下来了。然后，再用牙签把籽剔出即可。

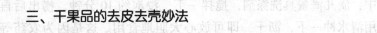

三、干果品的去皮去壳妙法

1. 核桃仁去皮法

把去了壳的核桃仁投入开水锅中滚烫 4 分钟，捞出后只要用手轻轻一捻，就能把皮剥下。

2. 板栗去皮法

用菜刀将每个板栗切一个小口，然后加入沸水浸泡，约 1 分钟后即可从板栗切口处很快地剥出板栗肉。

3. 莲子去皮法

莲子是上等补品，但剥莲子衣很费事。有一妙招可简便易行地除去莲子衣：锅中倒入清水 1 000 克，用大火烧开。一并加入食用碱 25 克，搅拌均匀，将锅从火上移开，放人干莲子 250 克，盖好锅盖，焖几分钟。然后用干净刷子对锅中的莲子反复推擦搅动几次，保持匀速进行，直至莲子皮剥干净（动作一定要快，因为，时间一长，莲子涨发，皮就不易脱掉），用凉水反复冲洗干净后，再用牙签或细针捅掉莲子心即可。

4. 大枣去皮法

将干的大枣先用清水浸泡约 3 小时，再放入沸水锅中煮沸至大枣完全发胀后，将其捞出，便可容易去皮。

第二章 刀工技术

刀工是每名厨师必须熟练掌握的基本功，能否运用刀法技巧使菜肴锦上添花，反映了一名厨师的技术水平。

第一节 刀 法

一、刀工的处理工具和基本姿势

（一）刀工处理的工具

刀工处理的工具主要有刀具和菜墩。厨师必须熟悉了解这些工具，并能正确使用和保养它们。

1. 常用刀具

厨师使用的刀种类很多，按其用途分类，可分为片刀、斩刀及前片后斩刀3种。

（1）片刀。片刀又叫薄刀（图2-1①），窄而长，轻而薄，重约500克，长约27厘米，宽约7厘米，用于片切牛、羊、鱼片，不可切带骨或坚硬的原料，否则，易伤刀刃。

（2）斩刀。斩刀又称砍刀、骨刀、厚刀（图2-1②），重约1 000克以上，背厚，背与刀口呈三角形。专用作斩带骨或坚硬的原料。

（3）前片后斩刀。前片后斩刀又称文武刀（图2-1③），重约1 500克，前部近于片刀，后部近于斩刀，使用范围较广。前

面可以切或片精细的原料，后面可以斩带骨的原料，但只能斩小骨，如鸡、鸭骨，不能斩较大的硬骨，一般使用这类刀合适。

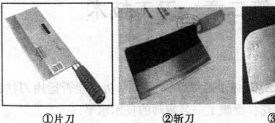

①片刀　　　　　②斩刀　　　　③前片后斩刀

图 2-1　常用刀具

除上述 3 种刀具以外，还有牛耳刀、水果刀、剪刀、刨刀（刮皮刀）等。

2. 刀具的一般保养

刀的使用，应经常保持锋利不钝，才能使刀工处理后的原料整齐、平滑、美观，没有互相粘连的毛病，因此，用刀平时要注意刀的保养。

（1）刀工操作要谨慎仔细，爱护刀刃。片刀不宜斩砍，前片后斩刀不宜斩大骨。要合理使用刀刃的部分，以断开原料为准，落刀若遇到阻力，不应强行操作，防止伤到手指或损坏刀刃。

（2）每次刀用完后必须将刀放在热水中洗净并用干净手布擦干水分，特别是咸味或带有黏性的原料，如咸菜、藕、麻山药等原料，切后黏附在刀两侧的酸容易氧化使刀面发黑。

（3）刀使用后放在刀架上，刀刃不可碰在硬的东西上，避免碰伤刀口。

（4）雨季应防止生锈，每天用完后最好在刀口上涂上一层油。

3. 磨刀技术

（1）磨刀工具。磨刀工具有粗磨刀石（马尾石）、细磨刀砖以及一面粗一面细的磨刀石等几种（图2-2）。

　　　　细磨刀石　　　一面粗一面细的磨刀石

图2-2　磨刀石

粗磨刀石主要成分是黄沙、质地较粗，一般用来开刃或磨刀膛、缺口等；细磨刀石主要成分是青沙，质地较细，容易将刀磨利，同时，不伤刀口。这两种磨刀石各有用处，是必不可少的工具。

（2）磨刀前的准备工作。

①把刀放在碱水中浸一浸，擦去油污，再可用清水洗净，冬天可用热水烫一烫。

②磨刀砖石要放在磨刀架上，如果没有磨刀架就在砖石下面垫一块抹布，防止磨刀石的滑动。

③磨刀石要前面略低，中间略高，如不符合要求，必须斩平，或在水泥地上磨成前低中高的式样。

④磨刀砖要经常用水浸透，磨刀前准备清水一盆备用。

（3）磨刀的方法。

①磨刀姿势：两脚分开，成一前一后站定，胸部稍为向前，右手执刀，左手按在刀面上，刀背朝身体，刀刃向外，左手按得重一些，以防脱手造成事故（图2-3）。

图 2-3　磨刀姿势

②各种刀的磨法不同：片刀只能在细磨刀石上磨，磨时刀背略翘起 3 毫米左右；斩刀要先在粗磨刀石上磨，磨出锋口后，再在细磨刀石上磨，磨时刀背略翘起 6 毫米左右；前片后斩刀只能在油石上磨，磨时刀的前部刀背翘起 3 毫米左右，后部刀背翘起 6 毫米左右。

③开始磨刀时，刀面和磨刀石上都要淋水，刀刃要紧贴砖面，遇到磨得发黏时需淋水。推磨时将刀刃推过磨刀砖石约一半刀面。并要经常翻转刀的正反面及前后，中部都必须轮流均匀地磨到，正反两面磨的次数应保持相等，而且刀的前、中、后各部必须磨得均匀，才能磨后刀刃平直。

④有缺口的刀，应先在粗磨刀石上磨，把缺口搋平后再拿到细磨刀石上磨。

4. 菜墩的使用和保养

菜墩，又称墩、砧墩、剁墩，是对原料进行刀工操作的衬垫工具，它对刀工起到重要的辅助作用。

（1）菜墩的鉴别。最好的菜墩就是橄榄树或银杏树（俗称白果树）做的，这些木材质地紧密，耐用，其次是皂荚树、榆树，其他的如红松也很好，此外，还应注意菜墩的树皮的完整，树心不烂，不结疤，以及菜墩的颜色，如墩面微呈青色，且颜色一致说明是正在生长的活树砍下制成的质量好，如墩面呈灰暗色或有斑点，说明是树死后隔了较长时间制成的质量差。

（2）使用菜墩的作用。

①使食物清洁：用菜墩垫在操作台上切配原料，能使食品保持清洁卫生。使用时应将切生料的与切熟料的分开，以防止细菌的传染。在切熟料时，要注意品种的不同，色泽的不同以及有没有汁，均应分开切，不可混在一起，一种原料切好后，须用刀铲除菜墩上的卤汁、油水或污秽，用干净手布揩擦干净后再可切其他原料。

②使原料整齐均匀：用菜墩能切得整齐均匀。如墩面有凹凸不平时，应随时修整刨平。

③对刀和案板起保护作用：菜墩的木质是直丝缕，刀刃不易钝，案板的木质是横丝缕，易伤刀刃。而且用菜墩可以保持案板不使案板受伤。

（3）菜墩的保养。

①新菜墩买进后可用盐水涂在表面上，或涂上油使砧板的木质经过盐渍起收缩作用，质地更为结实耐用。

②使用菜墩时不可专用一面，应该四面旋转使用，以免专用一面而发生凹凸不平。

③如发现有凹凸不平时，可以用钢刨轻轻刨起凸起部分，以保持菜墩表面的平滑。

④菜墩使用完毕后，应刮清擦净，用洁布罩好，竖放吸干水分。

（二）刀工的基本姿势

刀工姿势主要包括站案姿势、握刀手势、携刀姿势和放刀

位置。

1. 站案姿势

站案姿势主要指的是站立姿势。操作时，两脚自然地分立站稳，上身略向前倾，前胸稍挺，不能弯腰曲背，两手自然打开与身体成 45°的夹角，目光注视两手操作部位，身体与砧板保持一定距离。

初学刀工，容易出现许多错误动作，如歪头、耸肩、弓背、哈腰、手动身移、重心不稳、身体三曲弯。这些不良动作不仅不雅观，久而久之还会使自身肺叶受压，影响体形的正常发育和内脏器官的健康，引起职业性的生理变化。同时，这些不良动作也会影响刀技的正常发挥和施展。

正确的站案姿势具体来讲有以下几点。

（1）身体保持自然正直，头要端正，胸部自然稍含，双眼正视两手操作部位。

（2）腹部与菜墩保持约 10 厘米（一拳头）的间距。

（3）双肩关节自然放松，不耸肩，不卸肩。菜墩放置的高度以身高的一半为宜。

（4）站案脚法有两种。

①双脚自然分立，呈外八字形，两脚尖分开，与肩同宽。

②双脚成稍息姿态，即丁字步，左脚略向左前，右脚在右方稍后的位置。这两种脚法，无论选择哪种方法，都要始终保持身体重心垂直于地面，以重力分布均匀，站稳为度。这样有利于控制上肢施力和灵活用力的强弱及方向。

（5）两手自然打开，与身体呈 45°。

2. 握刀手势

（1）右手握刀。在刀工操作中，握刀手势与原料的质地和所用的刀法有关。使用的刀法不同，握刀的手势也有所不同。

一般都以右手握刀，握刀部位要适中，大多以右手大拇指与食指捏着刀身，其余三指用力紧紧握住刀柄，握刀时手腕要灵活而有力。刀工操作中主要依靠腕力。握刀要求是稳、准、狠，应牢而不死，硬而不僵，软而不虚。练到一定功夫，轻松自然，灵活自如（图2-4）。

图2-4　握刀手势

（2）左手按稳物料。这里以切为例。左手的基本手势是：五指稍微合拢，自然弯曲。

在刀工操作中，手掌和五手指各有其用途，既分工又合作，相互作用，相互配合。

①手掌：操作时手掌起支撑作用，切菜时手掌掌跟不要抬起，必须紧贴墩面，或压在原料上，使重心集中在手掌上，才能各个手指发挥灵活自如的作用。否则，当失去手掌的支撑时，下压力及重心必然迁移至5个手指上，使各个手指的活动受到限制，发挥不了5个指头应有的作用，刀距也不好掌握，很容易出现忽宽忽窄、刀距不匀的现象。

②中指：操作时，中指指背第一节朝手心方向略向里弯曲，

轻按原料，下压力要小，并紧贴刀膛，主要作用是控制"刀距"，调节刀距尺度。从事刀工工作，手是计量、掌握原料切割的尺子。通过这把"尺子"的正确运用，才能准确地完成所需要的原料形状。

③食指、无名指、小拇指：这几个手指自然弯曲，轻轻按稳原料，防止原料左右滑动。其中，食指和无名指向掌心方向略弯，垂直朝下用力，下压力集中在手指尖部，小拇指协助按稳物料。

④大拇指：大拇指也一起协助按稳物料。有时，大拇指可起支撑作用（只有当手掌脱离墩面时，大拇指才能发挥支撑点的作用），避免重心力集中在中指上，造成指法移动不灵活和刀距失控。

（3）左右手的配合训练。根据物料性能的不同特点，左手稳住物料时的用力也有大小，不能一律对待。左手稳住物料移动的距离和移动的快慢须配合右手落刀的快慢，两手应紧密而有节奏地配合。切物料时左手呈弯曲状，手掌后端要与原料略平行，利用中指的第一关节抵住刀身，使刀有目的地切下，抬刀切料时，刀刃不能高于指关节，否则容易将手指切伤。右手下刀要准，不宜偏里偏外，在直刀切时，保持刀身垂直。

另外，操作时放置在砧板上的各种原料应与工作台呈 45°，使人站立的位置与砧板保持平行。

（4）指法及其运用。刀工练习中最常用的是直刀法中的切，指法有连续式、间歇式、平铺式等。

①连续式：连续式多用于切黄瓜、土豆等脆性原料。起势为左手五指合拢，手指弯曲呈弓形向左后方连续移动，中指第一关节紧贴刀膛，刀距大小由移动的跨度而定。这种指法速度较快，中途停顿少。

②间歇式：间歇式适用范围较广。方法为左手形状同上，中指紧贴刀膛，右手每切一刀，中指、食指、无名指、小拇指四指合拢向手心缓移，右手每切 4~6 刀，左手手掌微微抬起，带动五手指一起移动。如此反复进行，称为间歇式指法。

③平铺式：在平刀法或斜刀法中的片中常用。指法是：大拇指起支撑作用，或用掌根支撑，其余四指自然伸直张开，轻按在原料上。右手持刀片原料时，四指还可感觉并让右手控制片的厚薄，右手一刀片到底后，左手四指轻轻地把片好的原料扒过来。

3. 携刀姿势

携刀时，右手紧握刀柄，紧贴腹部右侧。切忌刀刃向外，手舞足蹈，以免误伤他人。

4. 放刀位置

操作完毕后，刀刃朝外，放置墩面中央。前不出刀尖，后不露刀柄，刀背、刀柄都不应露出墩面（图2-5）。几种不良的放刀习惯应当避免，如刀刃垂直朝下剁进砧板，或斜着将刀跟剁插进砧板等。这些不良动作既伤刀，又伤砧板。

二、行刀技法介绍

使用刀的各种操作方法，简称刀法。刀法是根据烹调加工和菜品食用时的要求，将各种烹饪原料用刀具加工成一定形状的行刀技法。各地刀法的名称和操作要求也不尽相同。根据刀刃与菜激或原料的接触角度，刀法可分为直刀法、平刀法、斜刀法及其他刀法。

（一）直刀法

直刀法是刀面与墩头面或原料接触面呈直角的刀法。

图 2-5　放刀位置

这种刀法根据用力的大小和刀的上下运动幅度的不同，可分为切、斩（剁）、砍（劈）等。

1. 切

切是直刀法中刀的运动幅度最小的刀法，一般用于脆性的植物性原料和无骨的动物性原料。

（1）直刀切（又称跳刀）。

适用原料：一般为脆性或质软的原料，如萝卜、冬瓜、土豆、茭白、榨菜、豆腐干、豆腐、蒸蛋糕、鱼糕、熟血块等。

操作方法：左手按住原料，右手持刀，刀刃对准原料被切的部位，一刀一刀垂直切下去（图 2-6）。

（2）推刀切。

适用原料：一般为无骨的韧性原料（如猪肉、牛肉、鸡肉等），也适用于带细小骨的原料（如鱼肉），有时也用于无骨较硬的原料（如火腿、香肠）。

操作方法：左手按住原料，右手持刀，用左手中指第一节指背顶住刀面，用刀刃的前部对准原料被切的部位，自上而下向刀尖方向推切下去，一刀切断原料（图 2-7）。

图2-6　直刀切

图2-7　推刀切

（3）拉刀切。

适用原料：一般为较薄小的无骨韧性原料，如鸡肉、猪肉、牛肉、猪肝、墨鱼（乌贼）等。

操作方法：拉切是与推刀切相反的一种刀法。在操作时，左手按住原料，右手持刀，移动方法与推刀切相同，左手中指第一个关节指背顶住刀面，将刀刃后部放在被切原料的位置上，自前向后腕力前压，从刀刃前部向后拉切下去，一刀切断原料（图2-8）。

图 2-8 拉刀切

（4）锯刀切（又称推拉切）。

适用原料：一般为质地较硬、无骨或松软易碎的原料，如猪肉、牛肉、火腿、熟肉、熟火腿、面包等。

操作方法：其基本的手法与推刀切、拉切相同。推刀切与拉切的方法连贯起来使用的一种刀法，像拉锯一样切断原料。

（5）铡刀切。

适用原料：通常适用于带壳的、体小形圆极易滑动的原料，或已成熟的切时容易往外蹦的脆性原料和略带细小骨头的原料。如带壳的熟蛋、螃蟹、熟花生仁、熟核桃仁、熟花椒等。

操作方法：铡刀切有两种方法。一种是右手握住刀柄，左手按住刀背前端，刀刃的前端紧靠着砧墩，并固定在原料要切的部位上，用力压切下去，将原料切断；另一种是右手握住刀柄，左手按住刀背前端，对准要切的部位，来回上下，左右交替移动，将原料切碎。

（6）滚刀切。

适用原料：适用于圆形、圆柱形、圆锥形的脆性原料，如山药、茭白、圆笋，把它们加工成"滚刀块"。

操作方法：左手按住原料，右手持刀，刀刃对准原料要切的部位直切下去，每切一刀，原料滚动一次，如此反复进行。

2. 斩

斩又叫剁，是刀刃与墩头面或原料基本保持垂直的刀法。但斩的用力比其他刀法大。斩可分直刀斩、双刀排、拍刀斩 3 种。

（1）直刀斩（又称单刀斩、直剁）。

适用原料：这种刀法适用于较硬或带骨的原料，如猪大排、小排、骨头、整只的鸡或鸭、大型鱼类、冰冻的肉类及其他原料，也适用于无骨的原料。将其加工成块或泥茸状，如排骨块、肉泥、姜末。

操作方法：左手拿住原料，右手持刀，对准原料要斩的部位，垂直用力斩下去。

（2）双刀排（又称双刀剁、双刀排斩）。

适用原料：适用于无骨的原料，将其加工成粒、末、泥、茸，如肉末、肉泥、鱼茸等。

操作方法：两手各持一把刀，两刀之间要间隔一定的距离，并呈小八字形，刀面与墩头面垂直，两刀一上一下交替运动，直至将原料斩成所要求的状态为止。

（3）拍刀斩。

适用原料：适用于形圆、易滑、质硬、带小骨的原料（如鸡、鸭、鱼等），将其斩成均匀的块、段、火腿等。

操作方法：刀刃对准原料被斩部位，并垂直于墩面，用左手的掌心或掌根拍击刀背，切断原料。

3. 砍

砍又叫劈，是只有上下垂直方向运刀，在运刀时猛力向下

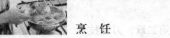

的刀法，是在原料初步加工时所用的刀法。根据运刀方法的不同，又分为直刀砍、跟刀砍等。

（1）直刀砍。

适用原料：适用于带大骨、硬骨、质地坚硬的动物性原料或冰冻的植物性原料。例如，牛肉、猪肉、羊腿、大排、小排、鸡、鸭、鹅、青鱼、大的毛笋、老的笋根和冰冻内脏、肉类等。

操作方法：右手持刀并且紧握在刀箍以上，左手按住原料。按成形的规格要求，确定落刀的准确部位，右手将刀提起迅速的劈下，左手同时迅速离开原料，将原料劈断。

（2）跟刀砍。

适用原料：此种刀法适用于质地特别坚硬，而且体大形圆、带大骨、骨硬的原料。例如，猪头、鱼头、蹄膀、猪蹄、牛腿、火腿等。

操作方法：右手执刀握住刀箍，左手握住原料，将刀刃紧紧嵌入原料要劈的部位。然后左右两手同时起落，上下运动2~3次，直到原料劈断为止。

（二）平刀法

平刀法是刀面与墩头面或原料接近平行的一种刀法。平刀法有平刀片、推刀片、拉刀片、抖刀片、推拉刀片、滚料刀片等。平刀法一般适用于把无骨的原料加工成片状。

1. 平刀片（又称平刀批）

适用原料：适用于无骨的软性或脆性原料，如豆腐、豆腐干、猪精肉、鸡脯肉、熟的鸡鸭血、肉皮冻、熟蛋糕、土豆、黄瓜、冬笋等。

操作方法：刀身平放，根据所需厚度将刀刃从原料的右侧片进，刀身向左做平行运动，直至片断原料，如此反复。

2. 推刀片

适用原料：一般用于把无骨的脆性、韧性或质地较硬的原料片成片状，如猪肉、熟火腿、土豆、榨菜等原料的加工。

操作方法：左手按住原料，右手持刀，刀身放平。根据菜品所需原料的厚度，用刀刃的前部批进原料，向左侧平移，并向刀尖方向推进，直至片断原料，如此重复。

3. 拉刀片

适用原料：适用于把无骨或略带筋膜的韧性原料（猪肉、鸡肉、鱼肉、牛肉等）加工成片状。

操作方法：在持刀方法上与推刀片相同，不同之处在刀刃的初始位置及运动方向。拉刀片每片一片原料时，刀刃的初始位置是刀刃的后部对准原料的要切部位，刀的运动方向是向身体方向拉片，直至片开原料。

4. 推拉刀片（锯刀片）

适用原料：一般适用于无骨、韧性较强、有一定筋膜、质地较硬的大块原料。如火腿、大块的猪肉、牛肉、鱼肉等。

操作方法：基本方法与推刀片和拉刀片相同，是推刀片和拉刀片的综合运用。在操作时，是先用推刀片还是拉刀片，可根据原料的质地和要求以及操作者的习惯而定。

5. 抖刀片

适用原料：主要用于质地软嫩的无骨或脆性原料，将其加工成波浪片或锯齿片。如豆腐干、黄白蛋糕、莴笋、血块等。

操作方法：左手按住原料，右手持刀，刀刃批进原料后，向左移动并上下均匀抖动，呈波浪形运动，直至片开原料。

6. 滚料刀片

适用原料：适用于圆形、圆柱形、圆锥形原料（如白萝卜、

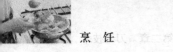

胡萝卜、莴笋、黄瓜、红肠、风或酱肉条、鸡心、鸭心等），加工成片状。

操作方法：放平刀身，刀刃从原料的右侧上面或下面片批进原料做平行移动。左手按住原料并做相应的滚动，边片边滚。直至批成所需要的长片状。

（三）斜刀法

斜刀法是使刀面与墩头面或原料之间的夹角保持小于 90°的刀法。根据刀的运动方向，一般可分为正刀片和反刀片。

1. 正刀片

适用原料：一般适用于软质、脆性或具有韧性但体形较小的原料，如加工鸡肉、鱼肉、猪肉、腰子、肚子、白菜、豆腐干等。正刀片可以将较小的原料片成较大的片。

操作方法：左手手指（三指或四指）按住原料的左端，右手持刀并倾斜刀身，刀刃朝左手方向，对准原料要片的位置，批进原料并向下运动直至片断。每片断一片原料，左手指自然弯曲，将片移开，再按住原料左端待下一刀片入。

2. 反刀片

适用原料：适用于脆性、软性或成熟的原料，如豆腐干、熟肚子、白菜梗等。

操作方法：倾斜刀身，刀刃朝外，对准原料要片的部位进行推刀片，直至片断原料。

（四）其他刀法

1. 削

一般用于果蔬类原料，如土豆、苹果、萝卜、黄瓜、莴笋。该刀法可将原料去皮或削制大刀花。

2. 旋

主要是对苹果、梨、胡萝卜、番茄、莴笋等原料去皮或在原料上旋制简单花朵时使用。

3. 刮

用于部分原料的去皮、去鳞等，如去除鱼的鳞、刮除原料表面的杂质、杂毛以及"刮"制鱼茸、鸡茸等。

4. 剔

"剔"是将肉与骨分离的一种方法。它适用于对鸡、鸭、猪的出骨。操作时，要求对原料的组织结构了如指掌，手法、刀法运用是如。所取原料干净利落，骨不带肉，肉不带骨。

5. 拍

主要是把无骨的脆性或韧性原料（如鱼肉、猪肉、生姜、大蒜）拍松、拍碎或拍成薄片；也可用于将原料中的细小骨（如泥鳅、黄鳝、河鳗中的脊椎骨）拍松或拍断后除去。

第二节　原料成型

各种原料的成型都是依靠刀工来确定的。原料成型是指根据菜肴和烹调的不同需要，运用各种刀法，将原料加工成块、片、丝、条、丁、粒、末、茸、泥、球等形状的技法。

一、块

（一）块的种类

（1）菱形块（象眼块）。一般适用于脆性、软性、较平整且在加热过程中不易变形的原料，如茭白、胡萝卜、黄或白蛋糕、熟火腿、西式火腿、红肠。

（2）方块。常用于体形较大的、较厚的各种原料，如肉类、鱼类、块根类、瓜果类。

（3）劈柴块。一般用于脆性或较老的根茎类原料，如茭白、笋、生姜、菜梗。

（4）滚刀块。常用于无骨脆性的圆形或圆柱形原料，如笋、茭白、莴笋、茄子、胡萝卜。

（二）块的成型方法

块一般有两种成型方法。一种是切的刀法。用于加工质地软嫩、松脆、无骨韧性，或者质地虽较坚硬但去皮、去骨后可以切断的原料；另一种方法是斩或砍的刀法，用于加工质地较硬、带骨、带皮或冰冻的原料。

二、片

（一）片的种类

（1）长方片。一般适用于脆性或软性原料，如茭白、萝卜、土豆、豆腐、鱼肉。

（2）柳叶片。用于脆性圆柱形的原料，如胡萝卜、黄瓜、红肠、莴笋。

（3）月牙片。适用原料与柳叶片相同。

（4）菱形片。与菱形块相同。

（5）夹刀片。适用于脆性或韧性的无骨原料，如冬瓜、茭白、茄子、鱼肉、熟五花肉。

（6）圆片和椭圆片。适用于圆形或圆柱形原料，如番茄、黄瓜、红肠、香肠、胡萝卜。

（7）指甲片。一般适用于脆性、软性或部分的中硬性原料，如生姜、大蒜头、冬笋、胡萝卜、老或嫩豆腐、豆腐干、火腿。

（二）片的成型方法

片一般是用切或片的刀法加工而成的。对一些质地较坚硬的、形状较厚大的，可采用切的刀法；对一些质地较松软、不易切整齐的以及原料本身形状扁薄无法切的，可采用片的刀法；对一些体形椭圆、放在墩上不易按稳的原料，则可采用削的刀法。

三、丝

丝是原料成型中加工较为精细的一种，技术要求高。切丝是首先要将原料片成薄厚均匀的片，这是丝好坏的基础之一。

片好的片再切丝有 3 种方法。

1. 瓦楞形（阶梯形）

它是将薄片依次排叠成瓦愣形状的一种排叠方法。

2. 层叠形

它是将加工整齐的薄片原料自上而下一片一片排叠起来的一种排叠方法。

3. 卷筒形

它是将片形较大、较薄的原料一片一片排叠整齐，卷成筒状，再顶刀切成丝的一种排叠方法。

四、条

条要求比较粗，它的成型方法与丝的成型方法基本相同。它是先把原料切或片成大厚片，再以条的长度为宽度切成长方块，最后顶刀切成条。

五、丁、粒、末

丁、粒、末是在条或丝的基础上加工而成的。

（一）丁

丁适用的原料范围较广，凡是有一定厚度的无骨原料均可切成丁，如肉丁、鱼丁、鸡丁、笋丁、蛋糕丁、豆腐丁。

（二）粒（又称米）

粒的形状一般呈正方体形，规格也有大、中、小 3 种。大粒一般形似黄豆粒；中粒形似绿豆，也叫绿豆粒；小粒形似大米，也叫米粒。

（三）末

末的形状，要比粒小些，形状一般不规则。它们在丝的基础上成型的。

六、茸泥

茸和泥一般都是切成碎粒后，再用双刀排剁而成，有时在剁之前还要用刀背排砸几遍。黏性的、结缔组织少的韧性原料制茸泥时，可以不经过切粒的过程。其质量要求是将原料剁得极细，呈泥状。剁泥茸的原料有鸡、虾、鱼、肉等。剁之前应将筋皮等去掉。

茸和泥一般都是作为瓤馅或做丸子用，所以，制茸泥的原料一般都有一定的黏性，用猪肉、羊肉制茸泥时要精肥搭配，用鸡肉、兔肉制茸泥时，最好掺入一些猪肥膘以增强它的黏性。

第三章　配菜技术

配菜就是根据菜肴的质量要求，把各种成形的原料加以适当的配合，使其成为完整的菜肴原料或可以直接食用的菜肴。它是紧接着刀工之后的一道工序，与刀工有着密切的关系，因此人们往往把刀工和配菜称为切配。配菜虽然与刀工的关系极为密切，但是它并不属于刀工的工序范围之内，而是一道独立的工序。

第一节　配菜的作用

一、配菜的作用及意义

配菜是菜肴烹调前一道重要的工序。它虽然不能使原料发生化学变化和物理变化，可是通过厨师的巧妙手法和各种原料之间的恰当搭配，对菜肴的色、香、味、形以及成本均有直接的影响。配菜的重要性表现在以下几点。

（一）确定菜肴的质和量

菜肴的质是指一个菜肴构成的内容，即各种原料的配合比例，而菜肴的量则指一个菜肴所包含的各种原料的数量，也就是一个菜肴的单位定量，这两者都是通过配菜来确定的。虽然原料本身的精与粗，烹调技术的好与坏，也都是决定菜肴的重要因素，但在配菜的过程中，掌握好用料分量和各种原料的配合比例，却是确定菜肴质量的一个重要的先决条件。如果用料分量和配合比例掌握失调，即使烹调技术再好也不能改变这个菜肴的构成内容。所以，从某种意义上说，配菜是确定菜肴质量的决定因素。

（二）使菜肴色、香、味、形基本确定

一种原料的形态，当然要依靠刀工来确定，但是整个菜肴的形态，却依靠配菜来确定。配菜时必须根据美观的要求，将各种相同形状或不同形状的原料适当地配合在一起，使之成为一个完美的整体。如果配合不协调、不恰当，即使刀工很精细，整个菜肴仍达不到美观的要求。菜肴的色、香、味、形，虽然要通过加热和调味才能最后定型，但各种原料本身，都各有其特定的色泽、香气和味道，把几种不同原料配合在一起，使它们之间的色、香、味相互掺和，相互补充，因此，只有配合得好，整个菜肴的色、香、味才能恰到好处。如果配合不好，各种原料的色、香、味不仅不能相互补充，反而还会相互排斥，相互掩盖，使整个菜肴的色、香、味受到破坏。

（三）确定菜肴的营养价值

不同的原料，所含的营养成分不相同；在一种原料中，各种营养素的含量也因其他因素而有多有少。但是，人体对营养素的需要是多方面的，某一种营养过多或过少都没好处。所以，在菜肴中，营养素的配合应力求合理而全面。而配合的好坏，要依靠配菜来确定。例如肉类原料中含有较多的蛋白质和脂肪，但却缺乏维生素；叶菜中含有较多的维生素，但缺乏蛋白质和脂肪。如果把它们配合在一个菜肴中，各种营养成分就能够相互补充，从而提高了营养价值。特别在一席菜中，更需注意荤素之间、营养之间的协调。

（四）确定菜肴的成本

配合原料的粗、精，用量的多少直接影响着菜肴的成本。如果配菜时用料分量不准确，精料和粗料的配合比例不适合，结果不是降低菜肴的质量，使消费者吃亏，就是提高菜肴的成本，使企业受损失。所以，配菜是掌握菜肴成本、加强经济核算的重要环节。

（五）使菜肴的形态多样化

刀工的变化，烹调方法的不同运用，是使菜肴多样化的一个方面。但是，通过配菜，将各种原料进行巧妙的组合，就可以构成形式不同的菜肴，并可创造出新的品种。

二、配菜的要求

（一）熟悉原料性能及有关情况

（1）要熟悉原料的性能。原料品种不同，其性能各异，因而在烹调过程中，原料受热后，发生的变化也不同。有时同一种原料，因季节的变化性能也可能有差异。例如，鲥鱼在立夏至端午这一时期，肉质特别肥美，过了这一时期肉质就老了，味也差了。再如体积较大的原料，如猪、牛、羊、鸡、鸭等，各部位肉质差异也较大，有些部位肉质嫩而且结缔组织少，如猪身上的里脊肉、通脊肉，鸡、鸭的胸脯肉等，因质地嫩，适用于爆、炒、滑、熘、煎、烹；有的部位质地老，而且结缔组织较多，在烹制中只适应焖、炖、蒸、煮等长时间加热的技法。故不同性质的原料，不能混合使用，否则将影响菜肴质量。

（2）要了解市场供应情况。市场上原料供应的品种、数量、价格是受着各方面因素的影响而经常变化的。配菜人员必须对市场情况有所了解，掌握这方面的信息，要适应市场情况。根据不同消费的不同要求，既要配原料充足的大众化菜肴，同时又要配高档细雅的菜肴。在某种原料处于旺季时，更要多考虑在品种花样上多变化、多创新。如开春后的鸡蛋，上市量日渐增加，价格也随之下降，配菜人员就要适应这些变化，多配一些用鸡蛋作主料或副料的菜肴。

（3）了解企业备货情况。作为配菜人员，只有对企业原料备货情况，如库存量、储存情况等心中有数，才能确定供应菜肴的品种，保证企业正常营业。如果只是盲目地配菜，只顾眼前，不管库存，什么顺手用什么，就很可能出现库存中某些原料积压变质，而某些原料又脱销。这些都是直接与配菜人员有关系的。

（二）必须熟悉菜肴的制作特点及名称

我国菜肴品种繁多，各地区都有许多具有地方风味特色的菜品，各企业又有各自的名菜、特色菜，形成了自己特有的风格，每一菜肴又各有一些制作特点，都有一定的用料标准、菜品形态和烹调方法。因此，配菜时，必须对本企业的菜肴名称、制作特点了如指掌，才能配出符合要求的菜来。除了解本企业的菜肴特色以外，对本地区同行业中其他地方菜、外邦菜的名称和特色，都应有大概的了解。这样，才能在配菜工作中有所比较、有所创新。

（三）必须精通刀工，了解烹调

热菜的配菜既是刀工的继续，又是烹调的前提，是联系二者的纽带，具有左右刀工和烹调两道工序的作用。更重要的是，它与刀工技术是密不可分的一个整体。因此，不精通刀工技术，就不可能做好配菜工作。同时，作为一个配菜人员，还必须掌握一定的烹调技术，懂得不同的火候、各种烹调方法的特点和各种调味品以及它们对原料影响的知识等。充分了解了这方面的知识，才能掌握配菜的关键，使配制出来的菜肴合乎烹调要求。

（四）必须掌握菜肴的质量标准及净料成本，核准售价

每个菜肴都有一定的质量标准，配菜人员必须认真把好质量关，掌握菜肴所用精料的质量及其成本。例如，有些菜只用单一的原料，有些菜中有主料又有配料，还有些菜肴中包含着不分主次的多种原料，作为配菜人员，必须将各种原料以适当的比例进行搭配来确定菜肴的质和量。并通过将各种菜肴原料的相互配合，保证每个菜肴的规格、质量、成本、毛利与售价相适应。为此，应做到以下几点。

（1）熟悉和掌握每种原料进价及从毛料到净料的损失率或净料率。

（2）确定构成每个菜肴的主料、辅料和调料的质量、数量和成本。

（3）根据企业所规定的毛利率，确定每个菜肴的毛利和售价。

（4）制定每个菜肴规格、质量、成本单，内容包括：菜肴的名称，主料、辅料、调料的名称、重量和成本；产品的总成本、毛利率、售价。

（五）必须注意原料营养成分的配合

作为一个厨师，必须要懂得烹饪中的科学道理，既要了解各种原料中所含的营养成分，又要懂得各种不同原料配合后在烹调过程中所起的变化等理论知识。在配菜时，注意这些原料的营养成分能相互配合，互相补充，使食者得到全面的营养，进一步提高广大人民群众的身体素质。

（六）必须具有审美观

配菜人员还必须具有美学方面的知识，懂得构图和色彩的

某些原理，以便在配菜时使各种原料在形态、色彩上彼此协调、美观、雅致，增强菜肴的艺术感，给消费者以美的享受。

（七）要能推陈出新，创造新品种

在配切已经定型的传统菜肴的同时，还应根据原料、刀工和烹调方法的特点，并随着市场货源情况的不同变化创制出更多的新品种，设计创制出营养成分更全面，色、香、味、形更佳的菜肴，以适应时代发展的需要。

第二节　配菜的原则及方法

一、分量的配合

一份菜肴的量，是指一份菜肴按照一定比例配制的各种原料的总量，也就是一份菜肴的单位定额。一般情况下，它是按照各种不同规格盛器的容量来衡量的。所以在配菜时，首先要决定适应某一菜肴所用的定额盛具，然后再按规定比例搭配此菜所需的净料，再分别置于盛器中。这是盛器定量法。

根据不同类别的菜肴，在主料、配料的用量比例上，大致可有以下三种类型。

主料为一种原料的，在配制时主料的用量应当多于所配的配料。目的是突出主料，而配料只是起陪衬作用。

主料是由几种原料所组成的菜肴，在配制时，这几种原料的分量原则上要基本相同。

配制单一原料构成的菜肴时，只要按照每一份菜肴的单位定额配菜就可以了。

二、颜色的配合

主、配料在色彩上配合的原则，也是配料衬托主料，以达到突出主料的目的。一般采用的配色方法有以下两种。

1. 顺色菜

主料、辅料都用一种颜色。这样配出来的菜肴看起来很清爽利落。尤其一些白色的菜肴，虽经过加热调味，但成熟后，仍保持着原料的本色。有些菜肴的原料本有一定的颜色，如芹菜、菠菜、青菜等，在单独制作时，可不需另加别的颜色的配料，以达到突出本色的效果。

2. 花色菜

凡选用不同颜色的主、配料而配制的菜，称花色菜。这种配法比较普遍，也是各地厨师所常用的手法。如一些菜肴，主料为白色，常配以绿色的菜心、蔬果或红色的火腿之类的配料加以衬托。这样配出来的菜，色彩鲜艳，和谐悦目。

三、香和味的配合

菜肴的香和味，一般是通过加热调味以后才能显示出来的。但应当注意到，有些原料本身就含有特定的香和味，并不单靠调味来决定菜味。因此，作为配菜人员，既要了解原料未成熟前的香和味，同时，也要知道制成后的菜肴香和味的变化，才能在配菜时，很好地掌握香和味的配合。香和味的配合，大致可以归纳以下几个类型。

一是以主料的香味为主，辅料衬托主料的香味，使主料的香味更为突出。这是在一般配菜中较为普遍的，像新鲜的鸡、鱼、虾、肉、蟹等，味鲜香而纯正，在配菜时应注意保持原料固有的香味，可以配以笋、茭白之类，增加其鲜香。

二是以辅料的香味补充主料的不足。有些菜肴所用的主料，其本身的香和味较淡；必须以辅料较浓厚的香味来弥补主料的不足之处。例如鱼翅、海参等原料经过水发，除去腥味后，原料本身已无什么滋味，这就需要用火腿、猪肉、鸡肉、高汤等辅助料来增添鲜香。

三是主料的香味过浓或油腻较大，应配有清淡的辅助料，适当调和冲淡，使制成的菜肴在口感上味道适中。有些动物性原料与适量的蔬菜一起烹制，味道更为鲜香，就是这个缘故。

四、形状的配合

原料形状的配合，不仅关系到菜肴的外观，而且直接影响到烹调和菜肴的质量。

一般情况下，配菜时用丁配丁、片配片、块配块的方法。不管是什么形状，配料的形状都应小于主料，目的是以配料适应、衬托主料，而不应喧宾夺主。但在许多情况下，主配料的形状在配合上，也要顺其自然，如有些经过花刀处理的主料，经过加热后，可形成球状、麦穗花形等，而辅料就不可能同主料一样成花形。在这种情况下，就要灵活处理，尽可能使配料形状接近于主料，或者使配料的形状较大程度地小于主料，以突出主料。辅料的作用只起色味和质的配合作用，在形的配合上，就不必过分地要求了。

五、质的配合

在一份菜肴中，主、配料在质地上的配合也是很重要的。配菜时，既要考虑到原料本身的性质，又要注意主、配料的搭配是否适应烹调方法的要求。

一般常见的配法，硬配硬、软配软，即主料是脆性的，辅料也应当是脆性的；主料是软的，辅料也应当是软的。但也有些菜肴，配料与主料的质地并不相同。这种配法多用于炖、焖、烧、扒等加热时间较长的烹调方法所制作的菜肴中。主、配料软硬相配，从现象或单纯配菜的角度来看，似乎不符合烹调要求，但可以通过投料的先后和适当的火候，使两者的软、硬基本一致。

第四章　烹饪勺工

勺工由翻锅动作和手勺动作两部分组成。通过翻锅和手勺的密切配合，使原料达到受热均匀、成熟一致、挂芡均匀、着色均匀的目的。

第一节　勺工基本要求

一、勺工的概念

所谓勺工，是指在临灶烹调过程中，使用不同的力度，运用不同的运勺方法，采取一连贯的动作，从而完成菜肴制作的整个过程的操作技术。勺工是运动炒勺临灶操作的一项技术。运勺过程中，由于力度不同，力的方向不同，推、拉、扬、晃、举、颠倒、翻等动作的结果也不同。运勺的方法往往根据技法和原料及成菜的特点要求来选择，有很大的灵活性、机动性，所采取的动作是否合理、连贯，是否协调一致，往往决定操作的成功与失败。这些技术性、机巧性的活动，需要有一个实践锻炼过程才能完善，所以有时把勺工也称作"勺功"，其含义是指运用炒勺临灶进行操作的功夫。

二、勺工的作用

一是保证烹饪原料均匀地受热成熟和上色。原料在勺内不停移动或翻转，使原料的受热均匀一致，成熟度一致，原料的上色程度一致。及时端勺离火，能够控制原料受热程度、成熟程度。

二是保证原料入味均匀。原料的不断翻动使投入的调味料能够迅速而均匀地与主辅料溶和渗透，使口味轻重一致，滋味渗透交融。

三是形成菜肴各具特色的质感。如菜肴的嫩、脆与原料的失水程度相关，迅速地翻拌使原料能够及时受热，尽快成熟，使水分尽可能少地流失，从而达到菜肴嫩、脆的质感。不同菜肴其原料受热的时间要求不同，勺工操作可以有效地控制原料在勺中的时间和受热的程度，因而形成其特有的质感。

四是保证勾芡的质量。通过晃勺、翻勺可使芡粉分布均匀，成熟一致。

五是保持菜肴的形状。对一些质嫩不宜进行搅动、翻拌的原料，可采用晃勺，而不使料形破碎；对一些要求形整不乱的菜肴，翻勺可以使菜形不散乱，如烧、扒菜的大翻勺。

三、勺工的基本要求

掌握勺工技术各个环节的技术要领。勺工技术由端握勺、晃勺、翻勺、出勺等技术环节组成。不同的环节都有其技术上的标准方法和要求，只有掌握了这些要领并按此去操作，才能达到勺工技术的目的。

操作者要有良好的身体素质与扎实的基本功。勺工操作要有很好的体能与力量才能完成一系列的动作，而只有扎实的基本功训练才能练就操勺动作的准确性、机巧性，达到应有的技术要求。

要有良好的烹调技法与原料知识素养，熟悉技法要求和原

料的性质特点。在实际操作中因法运用勺工，因料运用勺工，才能烹制出符合风味特色要求的菜肴。

勺工操作要求动作简捷、利落、连贯协调。勺工操作中杜绝拖泥带水、迟疑缓慢。因为菜肴在烹制时，对时间的要求是很讲究的，有快速成菜的菜肴，也有慢火成菜的菜肴，何时该翻勺调整料的受热部分都有一定的要求，所以及时调整火候是不能迟疑和拖沓的，只有简捷利落、连贯协调、一气呵成才能符合成菜的工艺标准。

晃勺、翻勺过程中要求勺中的料和汤汁不洒不溅，料不粘勺、不糊锅，既清洁卫生又符合营养卫生的要求，保持菜肴的色泽与光洁度。

第二节　勺工技术方法

一、掌勺的临灶姿势

临灶操作时，面向灶台，两脚自然分开站立，上身略向前倾，不要弯腰曲背，身体与灶台保持一定的距离，这样既方便操作，又有利于提高工作效率，减少身体疲劳。操作中，左手紧握勺柄，右手持手勺，目光注视勺中食物的变化，两手有节奏地颠勺搅拌，动作要灵活、敏捷、准确、协调。

二、翻锅的方法

翻锅也称翻勺。在烹调过程中，要使原料在炒勺、成熟一致、入味均匀、着色均匀、挂芡均匀，除了用手勺搅拌以外，还要用翻勺的方法达到上述要求。实践中我们往往根据原料形状不同、成品形状不同、着芡方法不同、火候要求不同、动作程度不同等因素，将翻勺技术划分为小翻勺、大翻勺、晃勺、悬翻勺、助翻勺几种。

（一）小翻勺

小翻勺是一种常见的翻勺方法，它主要适用于数量少，加热时间短，散碎易成熟的菜肴。具体方法是：左手握勺柄或锅耳，利用灶口边沿为支点，勺略前倾将原料送至勺前半部，快速向后拉动到一定位置，再轻轻用力向下拉压，使原料在勺中翻转，然后再将原料运送到勺的前半部再拉回翻个，如此反复做到勺不离火，敏捷快速，翻动自如，使烹制出的菜肴达到质量要求。

例如，用爆法制作的"宫保鸡丁"，这类菜肴是着芡调味同时进行，制作时必须用小翻勺的技法来完成，使菜肴达到入味均匀、紧汁抱芡、明油亮芡、色泽金红的效果。

又如"清炒肉丝"，原料入勺后用小翻技法不停地翻动原料并随之加入调味品，使肉丝受热入味均匀一致，成品达到成鲜软嫩的质量要求。

再如"红烧排骨"，主料在加热成熟过程中用小翻勺的技法有规律地进行翻动，勾芡时也要用小翻勺的技法边淋入水淀粉，边翻动主料，使汤汁变稠分布均匀，达到明油亮芡的最佳效果。

（二）大翻勺

大翻勺是将勺内原料一次性做180°翻转，也就是说原料通过大翻勺达到"底朝天"的效果，因动作和翻转幅度较大而称为大翻勺。其方法是左手握勺柄或锅耳，晃动勺中菜肴，然后将勺拉离火口并抬起随即送向右上方，将勺抬高与灶面呈60°~70°，在扬起的同时，用手臂轻轻将勺向后勾拉，使原料腾空向后翻转，这时菜肴对大勺会产生一定的惯力，为减轻惯力要顺势将勺与原料一同下落，角度变小接住原料。上述拉、送、扬、

翻、接一整套动作的完成要敏捷准确协调一致，一气呵成，不可停滞分解。

大翻勺适用于整形原料和造型美观的菜肴，例如，"扒"法中的"蟹黄扒冬瓜"将冬瓜条熟处理后，码于盘中，再轻轻推入已调好的汤汁中用小火扒入味，勾芡后采用大翻勺的技法，使菜肴稳稳地落在勺中，其形状不散不乱与码盘时的造型完全相同。

类似于这样的菜肴非大翻勺莫属。又如"红烧晶鱼"，主料烧入味勾芡后同样采用大翻勺的技法，将鱼体表面色泽，刀工，汁芡最完美的部位展示给客人。

（三）晃勺

晃勺方法是左手握勺柄或锅耳，通过手腕的力量将大勺按顺时针或逆时针进行有规律的旋转，通过大勺的晃动带动菜肴在勺内的转动，它适用于扒菜、锅塌菜和整个原料制作的菜肴。

菜肴通过晃勺可达到：调整勺内的原料受热，汁芡，口味，着色的位置使之均匀一致，避免原料煳底。由于晃勺的作用，使淋入的明油分布更加均匀，减少原料与勺的摩擦，增强润滑度。由于晃勺产生的惯力使原料与大勺产生一定的间隙（用肉眼难以观察到）为大翻勺顺利进行奠定了基础。由于勺与主料产生摩擦使部分菜肴的皮面亮度增强。

例如，"五香扒鸡"将蒸熟入味的整鸡皮面朝下入勺内煨制，勾芡时边晃勺边沿原料边缘淋入水粉汁使汤汁浓稠，芡汁分布到各个部位，然后淋明油晃勺调整位置，把握时机大翻勺，使色泽金红明亮的皮面朝下拖入盘中，其形其色甚是美观。

（四）悬翻勺

悬翻勺的方法是左手握勺柄或锅耳，在恰当时机将大勺端离火源，手腕托住大勺略前倾将原料送至勺的前半部。向后勾拉时前端翘起与手勺协调配合快速将原料翻动一次。由于勺内原料翻动及整套动作均在悬空中进行，所以，称悬翻勺。这种方法适用于一些特殊菜肴和盛菜时，以保证菜肴火候、装盘和卫生质量的要求。

例如，"拔丝土豆"，土豆挂糊炸熟后投入熬好的糖浆中，快速将大勺端离火源，采用悬翻的技法不断翻动原料，使土豆个个挂满糖浆，达到质量要求。

类似这样的菜肴若选用其他翻勺方法势必要造成主料挂不匀糖浆或糖浆变红发苦，失去拔丝菜的特色。

还有用"爆""炒""熘"等方法烹制数量较少的菜肴，盛菜时多数采用悬翻的方法，具体方法是在菜肴翻起尚未落下的时候，用手勺接住一部分下落的菜肴放盘中，另一部分落回大勺内如此反复地一勺一勺地将菜肴全部盛出。

（五）助翻勺

助翻勺的方法是左手握勺柄和锅耳，右手持手勺在炒勺上方里侧，在拉动大勺翻动菜肴的同时，用手勺由后向前推动原料使之翻动，这种方法应用在数量较多，用其他方法难以翻动的菜肴中以及配合小翻、悬翻技法的有效实施。

例如，制作"十盘香辣鸡"，由于数量多，很难将鸡块翻动，这时往往要采用助翻的方法来完成，使菜肴达到受热、入味均匀、成熟一致、汁匀芡亮的效果。

除此之外，翻勺技术还有前翻勺、转勺、左翻勺和右翻勺等，哪一种翻勺方法更合适，要因菜、因人、因环境等要素来决定。有些菜肴在烹制时用一种翻勺方法很难达到最佳效果，必须要用几种方法密切配合，如大翻勺必须与晃勺有机地结合，小翻勺、悬翻勺要与助翻勺巧妙地搭配等，只有灵活使用不同的翻勺方法，才能使烹制出的菜肴达到质量标准。

三、手勺的方法

手勺是烹调中搅拌菜肴、添加调味品、舀汤、舀原料、助翻菜肴原料、盛装菜肴的工具。一般为熟铁或不锈钢材料制成，其规格分为大、中、小 3 种型号。根据烹调的需要，选择使用相应的手勺型号。

（一）握手勺的手势

1. 操作过程

右手食指前伸（手勺背部方向），指肚紧贴手勺柄，大拇指伸直食指、中指弯曲，合力握住手勺柄后端，手勺柄末端顶住手心。

2. 操作要领

握稳手勺，牢而不死，用力、变向要做到灵活自如，动作舒展。

（二）手勺的操作方法

手勺在操作过程中，可分为拌、推、搅、拍、淋 5 种方法。

1. 拌法

在烹制炒、煸等类菜肴时，原料下锅后，先用手勺直接翻拌原料，将其炒散，再利用翻锅技法，将原料全部翻转，使原料受热均匀。

2. 推法

当对菜肴勾芡时，用于勺背部或手勺口前端，向前推动原料或芡汁，扩大其受热面积，使其受热均匀，成熟一致。

3. 搅法

有些菜肴在即将成熟时，往往需要烹入碗中兑好的芡汁或味汁，为了使芡汁均匀包裹住原料，要用手勺口侧面搅动，使原料、芡汁受热均匀，并使其融合为一体。

4. 拍法

在烹制扒、熘等类菜肴时，先在原料表面淋入水淀粉或汤汁，接着用手勺背部轻轻拍摁原料，使水淀粉向四周扩散，渗透，使之受热均匀，致使成熟的芡汁均匀分布。

5. 淋法

淋法是烹调菜肴重要的操作技法之一，是在烹调过程中，根据需要用手勺舀取水、油或水淀粉，慢慢地将其淋入锅内，使之分布均匀。

第五章　火候技术

烹制菜肴是用火来加热的。在加热过程中，由于所使用的原料多样，质地有老有嫩、有硬有软，形态有大有小、有厚有薄，菜肴做成之后，质地的酥烂、脆嫩也各有区别，因此，在烹制过程中，要按照具体情况，采取不同的火力和不同的加热时间，对原料进行加热处理，这就叫掌握火候。

第一节　火候的作用与意义

在加热过程中，由于所使用的原料多种多样、质地各不相同、形态相异，菜肴做成之后，质地的脆嫩、酥烂也各有区别，因此在烹制的过程中，要按照具体情况，来采取不同的火力和不同的加热时间对原料进行加热处理，这就叫掌握火候。所谓火候，是指烹制菜肴时所使用火力的大小和烹制时间的长短，即火力+时间=火候。不同的原料，运用不同的火候，就可以得到色、香、味、形各不相同的佳肴。根据原料的性质以及烹调的要求来掌握火候的复杂变化，是一名烹调技术人员所必需掌握的技术。

第二节　火候的基本技能

一、运用火候的根据

（一）根据食物原料的性质用火

性质柔嫩的原料应采用旺火使之速成，否则便质老味差；性质坚韧的原料，应用小火或微火长时间加热，其纤维组织才能松软，易于咀嚼消化。食物原料大多是不良导热体，特别是肉、鱼之类，传热缓慢。如果加热时间不足，表面温度虽然很高，内部温度却不能在同一时间内升高，会使食物外熟里生；内部如有细菌与寄生虫也不能杀死。这就要求根据具体情况调节火候，使食物既保持营养又符合卫生要求。

（二）根据原料的形状用火

大块的原料，加热时温度不易传入内部，加热的时间就要长些，火力就要适当小些，否则食物不能熟透；小块的原料，就需要用大火，在较短时间内成熟，如果时间长，就会煮烂成糊状。性质坚硬的原料，刀工的形状都比较大，而性质柔嫩的原料形状都比较小，这就要采用相适应的火候，以保证菜肴的风味和特点。

（三）根据菜肴特点用火

不同的菜肴品种，具有不同的质地、风味、形状、色泽等特点，这就需要运用不同火候，使其达到所要求的质量标准。如糖醋鱼，要求质地酥脆，需要旺火热油，把鱼炸透；如蒜苗炒肉片，需要旺火速成；干菜焖肉取其醇香，需要用微火长时间加热。

（四）根据原料处理后的形状用火

有的原料经过挂糊处理，使用旺火时，不能在油太热时下锅，因为旺火很快就会把原料炸成外焦里不熟。在油温只有四五成热时下锅，并在温油中浸炸一段时间，再用热油，才能把原料炸得外部黄脆，内部嫩软。如用温火，油温应在六七成热，将原料下锅。因为温火把油烧得很热需要很长时间，如原料下锅时间早，炸的时间太长，原料内部水分渐渐渗透出来，容易炸成内部老硬，并且由于火温油凉，原料下锅时，糊容易脱落，影响菜肴的美观和质量。

原料下锅的数量多少，与油的温度也有很大关系。很多原料一次下锅，会降低锅内热油的温度，因此，下锅原料过多，油的热度也应略高。

各种菜肴的特点，千差万别，因而火候的运用就需要变化多端，否则，就不能烹制出合乎质量要求的菜肴。如熘腰花因其经过刀工的美化处理，剞成交叉花刀，需要在七八成热油中加热，将其花纹明显地呈现出来；炒青椒，要其色泽鲜绿，如果烹制时间长，色泽就会变黄。

二、掌握火候的关键

掌握火候具有高度的技术性，需掌握住以下几个环节。

（一）必须善于观察火候

火力加时间叫火候，是一个概念性的东西。一般用慢火烹制的菜肴，可以根据火力的大小、加热时间长短，以断定火候程度，但是对于旺火速成的菜肴断定火候程度如何，则需要通过锅中的传导物，以及原料受热后的变化来判断。

（1）油温的判定。油的温度达到 100~150℃ 时为温油。这时油的表面现象无青烟、无响声、油面上比较平静。油的温度达到150~200℃时，为热油。这时油的表面现象是四周有青烟，用手勺搅动微有油爆的声音。油的温度上升到200~250℃时为烈油，这时油的表面现象是有较多青烟，油面平静，用手勺搅动时有较大的油爆响声。

（2）原料变化的鉴别。新鲜的动物性原料，可以根据其血色素的变化来确定火候，因为血色素在温度达到85℃左右时即会遭到破坏，血色素遭到破坏后原料变成灰白色。如猪肉下锅后，变成灰白色，由此即可断定原料已基本断生。又如，挂糊的原料在油锅中继续加热，则可变成浅黄色、深黄色，如用手勺或筷子试原料有硬感，则说明原料已达到酥脆的程度。

蔬菜下锅后（放入少量的油），会发出响声，待响声停止后，就说明蔬菜已基本成熟，根据其性质再进一步决定加热时间的长短。

（二）必须熟练地运用翻锅

火候程度是通过锅中的菜肴变化情况表现出来的。根据菜肴的变化情况，恰当地掌握调味、勾芡以及出锅时机，就必须有熟练的翻锅基本功加以配合。因此，翻锅运用的好坏，直接关系到火候的掌握恰当与否。假如基本功不熟练，到了翻锅时不能及时地翻，就会使原料不能均匀受热，菜肴不能熟透，调味品不能在原料中均匀地渗透，芡汁不能在菜肴中均匀地分布；出锅慢或出锅时间晚，会使菜肴过火，以致跑味。由此看来，熟练运用翻锅这一基本功对于掌握火候是非常重要的。

第六章 调味技术

第一节 调味的基本知识

一、调味的作用

(一) 确定滋味

调味最重要的作用是确定菜肴的滋味。能否给菜肴准确恰当定味并从而体现出菜系的独特风味，显示了一位烹调师的调味技术水平。

对于同一种原料，可以使用不同的调味品烹制成多样化口味的菜品。如同是鱼片，佐以糖醋汁，出来是糖醋鱼片；佐以咸鲜味的特制奶汤，出来是白汁鱼片；佐以酸辣味调料，出来是酸辣鱼片。

对于大致相同的调味品，由于用料多少不同，或烹调中下调料的方式、时机、火候、油温等不同，可以调出不同的风味。例如都使用盐、酱油、糖、醋、味精、料酒、水豆粉、葱、姜、蒜、泡辣椒作调味料，既可以调成酸甜适口微咸，但口感先酸后甜的荔枝味，也可以调成酸甜咸辣四味兼备，而葱姜蒜香突出的鱼香味。

(二) 去除异味

所谓异味，是指某些原料本身具有使人感到厌烦、影响食欲的特殊味道。

原料中的牛羊肉有较重的膻味，鱼虾蟹等水产品和禽畜内脏有较重的腥味，有些干货原料有较重的臊味，有些蔬菜瓜果有苦涩味等。这些异味虽然在烹调前的加工中已解决了一部分，但往往不能根除干净，还要靠调味中加相应的调料，如酒、醋、葱、姜、香料等，来有效地抵消和矫正这些异味。

（三）减轻烈味

有些原料，如辣椒、韭菜、芹菜等具有自己特有的强烈气味，适时适量加入调味品可以冲淡或综合其强烈气味，使之更加适口和协调。如辣椒中加入盐、醋就可以减轻辣味。

（四）增加鲜味

有些原料，如熊掌、海参、燕窝等本身淡而无味，需要用特制清汤、特制奶汤或鲜汤来"喂"制，才能入味增鲜；有的原料如凉粉、豆腐、粉条之类，则完全靠调料调味，才能成为美味佳肴。

（五）调和滋味

一味菜品中的各种辅料，有的滋味较浓，有的滋味较淡，通过调味实现互相配合、相辅相成。如土豆烧牛肉，牛肉浓烈的滋味被味淡的土豆吸收，土豆与牛肉的味道都得到充分发挥，成菜更加可口。菜中这种调和滋味的实例很多，如魔芋烧鸭、大蒜肥肠、白果烧鸡等。

（六）美化色彩

有些调料在调味的同时，赋以菜肴特有的色泽。如用酱油、糖色调味，使菜肴增添金红色泽，用芥末、咖喱汁调味可使菜肴色泽鲜黄，用番茄酱调味能使菜肴呈现玫瑰色，用冰糖调味使菜肴变得透亮晶莹。

二、调味的阶段

(一) 原料加热前调味

调味的第一个阶段是原料加热前的调味，即菜中的码味，使原料下锅前先有一个基本滋味，并消除原料的腥膻气味，例如下锅前，先把鱼用盐、味精、料酒浸渍一下。有一些炸、熘、爆、炒的原料，结合码芡加入一些调味品，许多蒸菜都在上笼蒸前一次调好味。

(二) 原料加热过程中的调味

调味的第二个阶段是在原料加热过程中的调味，即在加热过程中的适当时候，按菜肴的要求加入各种调味品，这是决定菜肴滋味的定型调味。如菜中的兑滋汁，就是在加热过程中调味的一种方法。

(三) 原料加热后的调味

调味的第三阶段是原料加热后的调味，属于辅助性调味，借以增加菜肴的滋味。有些菜肴，如锅巴肉片、脆皮全鱼等，虽在加热前、加热中进行了调味，但仍未最后定味，需在起锅上菜后，将随菜上桌的糖醋汁淋裹在主料上。在菜中，炸、烧、烤、干蒸一类菜肴常在加热装盘后。用兑好调料的滋汁单独下锅制成二流芡浇淋在菜肴上；煮、炖、烫一类菜肴一般调制味碟随菜上桌蘸用；而各种凉拌菜则几乎全都是在加热烹制或氽水后拌和调料的，如用拌好调料的滋味汁浇淋在菜上，或调制味碟随菜上桌。

第二节 调味品的基本知识

一、调味的味型

(一) 基本味

基本味是指单一的原味，任何复杂的味道都是由各种基本味复合而成的，所以基本味也称为母味。主要的基本味有以下几种。

1. 咸味

咸味是大多数调味味型的主味。把咸味称为是主味也是因为它能起到调味的多方面作用。咸味不仅能解味，而且能突出原料的香鲜味道以及除腥去膻。一般的菜肴大部分都要适当有些咸味，然后再配合其他味道。例如，糖醋菜的口味是酸甜味，但也是要先放点盐，如果不加盐，完全用糖和醋来调味，反而很难吃。咸味调味品有盐、黄酱、酱油等。

2. 香味

香味的种类最多，除了某些原料本身含有酯、醇、酚等有机物质，在受热后散发着各种芳香气味外，菜肴主要靠调味品来增加各种各样的香味，如酒、蒜、葱、香菜、芝麻、麻酱、酒糟、玫瑰、桂花、桂皮、茴香、花椒、麻油、五香粉以及各种香精等。香味除了能冲淡腥膻气味以外，主要是能增强食物的芳香气味，刺激食欲。

3. 辣味

辣味的主要作用是强烈地刺激食欲，帮助消化，另外还可以起到除腥解腻的作用。辣味的调味品主要有辣椒粉、鲜辣椒、

辣椒糊、胡椒粉、姜粉、生姜等。辣味是菜肴调味中刺激性最强的味道。

4. 酸味

酸味的来源除了某些原料经乳发酵而使本身具有酸味以外，主要是靠从醋类（红醋、白醋、黑醋）及酸梅、红果等酸果中取得。酸味是许多种菜肴调味中不可缺少的味道，尤其在烹调鱼类等水产品原料时更是重要。因为酸味在除腥方面比其他味的作用更强；酸味还有促进钙质食物分解、帮助消化的功能，如在烹制鱼类时，加上酸味，就会使鱼骨酥软。就地方口味特点来说，在我国的山西等地，把酸味作为主味。

5. 甜味

甜味的来源除原料本身含有糖类物质，在加热过程中因酶的作用而产生的甜味以外，主要是靠带甜味的各种糖类作为调味品。甜味按其用途来说，仅次于咸味。在我国南方地区，大部分菜肴都是甜味出头。它除了是各类甜菜的主味外，还可和其他味一起复合成各种美味。甜味有去腥解腻的作用，把甜味使用在某些动物性原料上，还可以有增加鲜味作用。

6. 鲜味

鲜味的来源除了菜肴本身含有的氨基酸等物质，可以在受热后产生鲜味以外，带有鲜味的调味品是给菜肴增加鲜味的主要来源。属于鲜味调味品主要是味精，此外还有蚝油、鲜汤、虾子、蟹子等。带有鲜味的调味品，可使基本无味或鲜味微弱的原料增加鲜味，以刺激人们的食欲。

7. 苦味

苦味的来源主要是由能作调味品的中药中取得，如柚皮、杏仁、陈皮、槟榔、贝母、白豆蔻等。苦味本来是一般人不喜欢的口味，但是在烹调某些菜肴时，略加一些带有苦味的调味品经过烹制加热，可使菜肴具有一种特殊滋味，对刺激人们食欲也有好处。

（二）复合味

顾名思义，复合味就是由两种或两种以上基本味的调味品调和而成的味道。其种类很多，通常使用的有以下几种。

（1）鲜咸类。如虾子酱油、虾油、虾酱、豆豉等。

（2）香咸类。如葱椒泥、椒盐等。

（3）酸甜类。如番茄酱、糖醋汁、山楂酱等。

（4）香辣类。如咖喱油、咖喱汁、芥末糊等。

（5）甜咸类。如甜面酱等。

（6）辣咸类。如辣豆瓣酱、辣油、辣酱油等。

这些复合味的调味品，大部分是副食商店出售的加工复制品，但是，其中也有的是由厨师自己加工复制的。

二、调味品的存放

调味品的存放，是保证调味品不变质的主要手段。但是如果处置不当，可能会导致变质，从而会影响菜肴的质量，严重的还会造成浪费以致食物中毒等重要事故。本节主要从以下几方面阐述。

（一）要合理盛装

调味品有固体、液体，有怕光的，有怕潮的，有容易挥发气味的，有怕冷的，有怕热的等；还有容易和其他物质起化学作用而变质的。盛装调味的容器，必须根据所盛放调味品的物理性质与化学性质而定。油类受光以后容易氧化变质，不耐久藏。金属器皿就不宜装含有盐分和有酸味的调味品。酒和香糟等调味品则容易挥发气味，这些都必须盛贮在密闭的容器内。

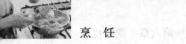

花椒粉和味精等怕潮湿，必须盛装在不受潮的容器之内等。

(二) 要购存整理

为了保持各种调料的原味，还必须要注意各种调味品的购存整理：针对不耐贮存的调味品不宜加工过多，如香糟、湿生粉、切碎的姜末、葱花等都不要加工太多；针对按使用量进货，要先进先用、少用少进、不作久存；针对不同性质的调味品要分类贮存，以免互相混杂、串味而影响质量。如植物油用过的和未用过的不能掺和、气味不同的香料不能搁置同一橱内；勤检查，例如炸过菜肴的浑油每日用后，应滤去渣滓；湿生粉每日应换清水；卤汁、鲜汤等每日用后都要再煮一次，以防变质。

(三) 要合理安放

为了保证菜肴的质量和制作菜肴的速度，各种调味品的容器放得离锅近些或远些，是一个很重要的问题。安置顺序的原则是：先用的放近些，后用的放远些；急用的放得近，缓用的放得远；有色的放得近，无色的放得远；常用的放得近，少用的放得远；湿的放得近，干的放得远。如糖、盐、味精等调味品用得次数较少，而且是干料，一般是放置得离锅较远；油、酱油等调味品，使用次数较多而且是湿料，一般是放置得离锅近。另外，如果颜色形态相同，放时应该隔开，以免使用混淆。

第三节　调味的原则与方法

一、调味的原则

(一) 定味准确、主次分明

一味菜品，如果调味不准或主味不突出，就失去风味特点。

只有按所制菜肴的标准口味，恰当投放各种调味品，才能味道准确且主次分明。

　　川菜虽然味型复杂多变，但各种味型都有一个共同的要求，就是讲究用料恰如其分、味觉层次分明。同样是咸鲜味菜品，开水白菜是味咸鲜以清淡见称，而奶汤海参则是味咸鲜而以醇厚见长。再如同样用糖、醋、盐作基本调料，糖醋味一入口就感觉明显甜酸而咸味淡弱，而荔枝味则给人酸、甜、咸并重，且次序上是先酸后甜的感觉。川菜中的怪味鸡丝使用 12 种调味品，比例恰当而互不压抑，吃起来感觉各种味反复起伏、味中有味，如同听大合唱，既要清楚听到男女高低各声部，又有整体平衡的和声效果，怪味中的"怪"字令人玩味。

（二）因料施味、适当处理

　　即是依据菜肴中主辅料本身不同性质施加调味品，以扬长抑短、提味增鲜。

　　对新鲜的原料，要保持其本身的鲜味，调味品起辅助使用，本味不能被调味品的味所掩盖。特别是新鲜的鸡、鸭、鱼、虾、蔬菜等，调味品的味均不宜太重，即不宜太咸、太甜、太辣或太酸。

　　带有腥气味的原料，要酌情加入去腥解腻的调味品。如烹制鱼、虾、牛羊肉、内脏等，在调味时就应加酒、醋、糖、葱、姜之类的调味品，以解除其腥味。

　　对本身无显著滋味或本味淡薄的原料，调味起增加滋味的主要作用。如鱼翅、燕窝等，要多加鲜汤和必需的调味品来提鲜。

　　一些颜色浅淡、味道鲜香的原料，最好使用无色或色淡的调料且调味较轻，如清炒虾、清汤鱼糕等菜肴，只放少量的盐和味精，使菜品有"天然去雕饰"的自然美。

此外，应根据季节变化适当调节菜肴口味和颜色。人们的口味，往往随季节的变化而变化，在天气炎热的时候，口味要清淡，颜色要清爽；在寒冷的季节，口味要浓，颜色要深些。还要根据进餐者的口味和菜肴多少投放调味品，在一般的情况下，宴会菜肴多口味宜偏轻一些，而便餐菜肴少则口味宜重一些。

调制咸鲜味，主要用盐，某些时候，可以适当加一些味精，但千万别只靠味精增鲜。因不同菜肴的风味需要，也可以加酱油、白糖、香油及姜、椒盐、胡椒调制，但一定要明白糖只起增鲜作用，要控制用量，不能让人明显地感觉到放了甜味调料；香油亦仅仅是为了增香，若用量过头，也会适得其反。应用范围是以动物肉类，家禽、家畜内脏及蔬菜、豆制品、禽蛋等为原料的菜肴。如开水白菜、鸡豆花、鸽蛋燕菜、白汁鱼肚卷、白汁鱼唇、鲜熘鸡丝、白油肝片、盐水鸭脯等。

二、调味的几种方式

调味的方式分为一次性调味和多次性调味。

（一）一次性调味

所谓一次性调味指的是菜肴的调味只需在烹制前、烹调中或烹调后一次就能完成菜肴调味过程的方法。

（1）烹调前一次性调味。这种调味方法一般适用于蒸制的菜肴，如清蒸全鸡、粉蒸肉等。它是指菜肴在烹制前一次加入所需要的全部各种调味品随即完成菜肴调味的方法。

（2）烹调中一次性调味。这种调味方法适用于烧、炒、烩等烹调方法制作的菜肴，如红烧肉、炒蔬菜、扒菜心等。它是指在烹制菜肴的过程中，一次加入所需要的全部调味品就能完成菜肴调味的方法。

（3）烹调后一次性调味。这种调味方法一般用于凉拌类菜肴的调味，如糖醋蜇皮、蒜泥白肉等。它是指菜肴原料经过热处理加工后，一次加入全部所需要的调味品，就能完成菜肴调味的方法。

（二）多次性调味

所谓多次性调味，是指菜肴在烹调过程中，需要在烹制前、烹制中、烹制后分别进行两次或三次调味，才能完成菜肴风味的调味方法。

（1）烹制前的调味。就是指烹调前先使已加工成型的原料有一个基本味，同时也消除一些原料的异味。例如，对某些动物性的原料，先用料酒、姜、葱、盐等基础调味，就是烹制前的调味。烹调前期的调味也称基础调味。

（2）烹制中的调味。在基础调味的基础上再进行一次调味，以确定菜肴的最终味型，对于炒、爆类菜肴使用最多。烹制菜肴的过程中进行调味，也称定味调味。

（3）烹制后的调味。有些菜肴在烹制前、烹制中所进行的调味，都不能满足菜肴的调味要求，必须在烹制后进行辅助调味，才能使菜肴味道更加完美。例如，一些炸菜烹制后撒白糖或椒盐，一些汤菜烧好后淋鸡油、香油等。在菜肴原料经加热烹制后，再进行调味，也称辅助调味。

第七章　原料的初步熟处理

第一节　焯　水

一、焯水的作用

焯水又名水锅，是指根据烹调的需要，把经过初步加工的原料放在水锅中，加热至半熟或刚熟的状态，随即取出，以备烹调或切配后再烹调之用。

需要焯水的原料比较广泛，大部分蔬菜及一些有血污或有腥膻气味的肉类原料，都应进行焯水，其作用如下。

一是可使蔬菜色泽鲜艳、口味脆嫩，并除去苦、涩、辣味。如菠菜、油菜、苔菜等绿叶菜类焯水后，可使色泽更加鲜艳、口味保持脆嫩；笋焯水后，除去了涩味；萝卜焯水后可除去辣味等。

二是可使禽、畜类原料排除血污，除去异味。如鸡、鸭、肉等通过焯水可排出血污；牛、羊肉及内脏等通过焯水还可除去腥膻味。

三是可缩短正式烹调时的加热时间。原料经过焯水后，呈半熟或刚熟状态，在正式烹调时，可大大缩短加热时间，这对一些必须在极短的时间内完成烹调的菜肴更为有利。

四是可以调整不同性质的原料成熟时间，使其在正式烹调时，成熟时间一致。各种原料由于性质不同，所需成熟时间也不相同，如果把成熟时间长短不一的原料同时一起加热，必然形成这一部分原料恰到好处，而另一部分原料却不是半生，就是过熟，失去了美味。如果将经过较长时间的加热才能成熟的原料先进行焯水，缩短正式烹调的成熟时间，就能使之与其他原料的成熟时间基本一致。

五是可使原料便于去皮或切制成型。有些原料，如山药、芋艿、马铃薯等，生料去皮比较困难，通过焯水，去皮就很容易。又如肉类、笋、藕等，焯水后比生料便于切制成型。当然，原料是否需要焯水再去皮，或切制成型，应根据烹调的具体要求决定。

二、焯水应掌握的原则

（一）根据各种原料的不同性质，适当掌握焯水时间

各种原料，一般均有大小、老嫩之分，在焯水时必须分别对待。如笋有大小、老嫩之分，大的、老的焯水时间应长一些；小的、嫩的焯水时间应短一些。如果焯水时间不足，就会感觉涩口；焯水时间太长，又会使鲜味走失。又如鸡肝嫩，可以在水沸后立即取出，鸭肝老，应在水沸后再加少许冷水，待再沸后才能取出。

（二）有特殊气味的原料应与一般原料分别焯水

有些原料往往具有某种特殊气味，如萝卜、芹菜、羊肉、大肠等。这些原料如果与一般无特殊气味的原料同锅焯水，就会使一般原料也沾染上特殊的气味，影响口味，因此必须分别焯水。

（三）深颜色原料与浅颜色原料应分别焯水

焯水时应该注意原料的颜色，深色原料与浅色原料一般不

烹　饪

能同锅焯。例如深色的菠菜、油菜，如果与浅色的山药、茭白等同锅焯水，山药、茭白就会染上一些绿色，而影响美观，因此必须分别焯水。

第二节　过　油

一、过油的作用

过油又称油锅，是将已成型的或已经焯水处理的原料，放在油锅中加热制成半成品，以备烹调菜肴用。

过油也是常用的一种初步熟处理方法，可以使原料滑、嫩、脆、香，还可以使原料色泽鲜艳，对丰富菜肴风味有很大作用。过油的技术要求较高，在过油时，如果油温，火候掌握不好，就会使原料出现老、焦、生或达不到香脆的要求，从而影响菜肴的质量。

二、过油的分类

过油，根据油温的高低及油量的多少可分为划油和走油两大类。

（一）划油

划油又称为拉油、滑油等。它的适用范围很广，凡用爆、滑炒、滑熘以及烩等烹调方法制作的菜肴，其中的动物性原料大多要经过划油。划油的原料一般都是丁、丝、片、条块等小型原料。划油前，多数原料都要上浆，使原料不直接同油接触，水分不易溢出，而保持柔软鲜嫩。

划油操作要点是：划油前，将锅洗净，烧热，油要洁净，尤其是植物油一定要事先烧透，否则会影响原料的色泽和香气，甚至会产生大量的泡沫溢出锅外，造成烫伤或失火事故。一般来说，原料投入油锅后，油温应始终保持在三五成热。因为油温过低，会使原料脱浆，或者使原料变老，失去上浆的意义，同时油也会变得混浊；油温过高，会使原料粘结在一起，或使原料表面变得脆硬，失去柔软鲜嫩的特点。

（二）走油

走油又称炸，它的适用范围也很广泛，凡用烤、烧及红扒、黄焖等烹调方法烹制的菜肴，其中的主料大多数要经过走油。走油的原料，既有生料，也有已经焯水处理过的原料，一般都是较大的片、条、块或整只、整条的大型原料。走油时，有的原料需要挂糊或上浆，有的则需要码味后再投入大油量、油温高的油锅中，在油的高热作用下，原料表面迅速形成一层硬壳，这层硬壳既保持了原料内部的鲜嫩，又可使原料在正式烹调后仍保持形态上的完整。同时，随着加热时间不同程度的延长，还会使原料外表呈现各种美丽的颜色。

走油的操作要点：走油时，锅中油量要多，能够浸没原料，油温一般应在七八成热；有皮的原料，在下锅时，必须皮朝下，肉朝上，使皮面多受热，以达到涨发松软的要求；原料下锅后，由于表面的水分因骤受高温而立即汽化，会带着热油四面飞溅，容易造成烫伤事故，所以应采取防范措施。此外，由于热油的飞溅，锅内会发出油爆声，待油爆声微小时，说明原料表面的水分基本蒸发，这时要用漏勺缓缓推动或翻动原料，以防原料粘锅或炸焦，同时应掌握好原料的硬度和颜色，随时准备在原料达到质量最佳时捞出。

三、过油时应掌握的要点

运用过油的方法对原料进行初步熟处理，应注意掌握以下

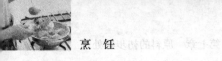

操作要点。

（一） 原料应分散下锅

原料挂糊、上浆时，一般应分散下锅，如果是丁、丝、片等小型原料，下锅后还应划散，以免粘连在一起。划散原料的时机要恰当，划得过早会碰坏原料上的糊浆，造成糊浆脱落；划得过晚原料已经互相粘结，不易划散，不挂糊、上浆的原料，虽然不致相互粘连，但也应抖散下锅，以便受热均匀。

（二） 需要表面酥脆的原料，过油时应该复炸

有些经过挂糊且较大的原料，如果需要表面酥脆，必须复炸一次（称为重油），不可一次炸成，因为一次炸成，会使原料在较高的温度下或较长的加热时间中，形成外焦里生或内外干硬的状态，无法取得表面酥脆、内部软嫩的效果。所以，一般应先用温油炸制，待原料内外熟透时捞出，使油温上升到旺油锅时，将原料再下锅复炸一次，这样就可以使原料达到表面酥脆、内部软嫩的目的。

（三） 需要保持白色的原料，过油时多选用干净的猪油

过油时，因为油的质量对原料的色泽影响很大，一般来说，猪油可使原料色泽较白，但火力不能太旺，油温不能太高，加热时间不能过长。

第三节　走　红

一、走红的意义及范围

走红又称红锅，就是指将原料（一般为动物性原料）投入各种有色调味汁中加热，或在原料表面涂抹上某些有色调味品

后再油炸，使原料上色的一种熟处理方法。

走红主要适用于制作烧、焖、煨等类菜肴的韧性原料，如鸡、鸭、肉、蛋等。原料经过走红处理，不仅色泽红润美观，而且滋味更加醇厚。

二、走红的分类及方法

走红根据其方法可分为两类：一类是卤汁走红，另一类是过油走红。

卤汁走红，是把经过焯水的原料或生料放入锅中，加入酱油、绍酒、糖（或糖色）和水等，先用旺火烧沸，随即改用小火加热，使调味品的色泽缓缓进入原料，直至原料色泽红润。过油走红，是把酱油或糖色等有色调味品先抹在原料（擦干表面水分）表面，再下入油锅中炸（一般选用植物油），直至原料上色。

三、走红时应掌握的要点

（1）卤汁走红时应掌握好卤汁颜色的深浅，使其色泽符合菜肴的需要。卤汁先用旺火烧沸，再改用小火继续加热，使味和色缓缓浸透，同时还要掌握好原料的成熟程度及卤汁与原料的比例。为了防止原料粘锅，可选用鸡骨、鸭骨、竹箅等垫底。

（2）过油走红时，涂抹在原料表面的调味品一定要均匀，以保证原料上色一致。走红时的油温应掌握在五六成热的范围内。

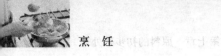
第四节 制 汤

一、制汤的意义

制汤又称汤锅，是把蛋白质与脂肪含量丰富的动物性原料放在水锅中加热，以提取鲜汤，作为烹调菜肴之用。

汤的用途非常广泛，不但是汤菜的主要原料，而且是很多菜肴的调味用料，特别是鱼翅、海参、燕窝等珍贵而本身又无鲜味的原料，全靠精制的鲜汤调味提鲜。因此，汤的质量好坏对菜肴的质量影响很大。

二、制汤的方法

汤的种类较多，各地方菜系在具体用料、制法以及名称上各不相同，但归纳起来，可分为毛汤、奶汤和清汤三类。

我国各大菜系，素以善制鲜汤著称，其用料之精，制法之细，汤味之鲜，各菜系均有其独到之处。各类汤的制法如下。

（一）毛汤

毛汤是制作最简单、使用最普遍的一种。其特点是汤呈混白色，浓度较差，鲜味较小。一般作为大众菜肴的汤料或调味用。

（1）用料。一般用鸡、鸭的骨架，猪肘骨、肋骨、猪皮等及需要焯水的鸡、鸭、猪肉等。

（2）制法。制毛汤一般不必准备专用锅，大多用设在炉灶中向的汤锅制作。制作方法是：将鸡、鸭的骨架、猪骨，以及需要焯水的鸡、鸭、猪肉等用水洗干净后，放入汤锅中，加入冷水，待烧沸后撇去浮沫，加盖继续加热（焯水的原料可根据需要随时取出），至汤呈混白色时即可使用。

（二）奶汤

奶汤的特点是：汤呈乳白色，浓度较高，口味鲜醇。主要作为奶汤菜的汤料及白汁菜等菜肴调味用。

（1）用料。宰好的母鸡1只（约重1千克）、猪肘肉、猪肘骨、猪肋骨、鸭骨、猪肚等各1千克。

（2）制法。初步加工：将宰好的母鸡用刀剁去爪，洗净；猪肘肉切成长条；猪肘骨、猪肋骨、鸭骨洗净、砸断，一起放入沸水锅中，约煮5分钟捞出，用清水洗净。猪肚也要先经过焯水后再使用。煮制：将猪肘骨、猪肋骨、鸭骨放入汤锅内在热底铺开，鸡、猪肘肉及猪肚放在骨上，加入清水，加盖。用旺火烧沸后改用中火煮，至汤呈乳白色，鸡、猪肉已烂时，将锅端离炉火，捞出肉和骨头，再用净纱布将汤滤净即成。

（三）清汤

清汤的特点是：汤呈微黄色，清澈见底，味极鲜香。主要作为清汤菜的汤料及爆、烧、焖、炒等类菜肴调味用。

（1）用料。宰好的母鸡、肥鸭、猪肘子、猪骨、葱段、姜片、精盐。

（2）制法。初步加工：将宰好的母鸡洗净，剁去爪，剔下全部脯肉，剁成茸泥（称白哨）；再将适量的鸡腿肉剁成茸泥（称为红哨），将鸡、鸭的腿骨砸断，两翅别起；猪肘子刮洗干净，用刀划开皮肉，使肘骨露出，将肘骨砸断。煮制：将汤锅刷洗干净，倒入适量清水，依次放入猪骨、鸡（不包括白哨和红哨）、鸭和猪肘子。在旺火上煮沸后，撇去浮沫，煮至六成熟时，将猪肘子、鸡、鸭、猪骨捞出。汤锅移至微火上，撇去浮沫，舀出适量汤放入盆内晾凉。在盆内加入鸡红哨、葱段、姜片搅匀。将猪骨、鸡、鸭、猪肘子再放入原汤锅里，用微火慢

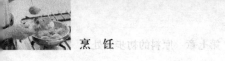

煮约 1 小时，然后再捞出猪肘子、鸡、鸭、猪骨。吊制：将汤锅端离炉火，撇去浮油，晾至七成热时，再将汤锅放在中火上，加入精盐（适量），用手勺搅动，使汤在锅内旋转，随即加入有鸡腿茸的凉汤，继续搅动，待汤烧至九成热，鸡腿茸漂浮至汤表面时，用漏勺捞出，将汤锅端下晾凉。同时舀出少量汤放入盆内，加入鸡脯茸搅动，倒入汤锅内。随即将汤锅放在旺火上，加入精盐（适量），用手勺搅动。待汤烧至九成热，鸡脯茸全部浮至汤表面时，将汤锅移至微火上，捞出鸡脯茸，撇净浮沫后，将锅端下、晾凉即成。

　　吊制即通常所说的吊汤。吊汤的目的有两个：一是使鸡茸的鲜味溶于汤中，最大限度地提高汤的鲜味，使口味鲜醇；二是利用鸡茸的吸附作用，除去微小渣滓，以提高汤汁的澄清度。

第八章 出肉、取料、去骨

第一节 出肉加工

一、出肉加工的基本要求

不论生出还是熟出，都要达到如下基本要求。

一是要按照菜肴特点的要求出肉。例如，做红扒肘子，必须完全取肘肉，有的还要去掉肘骨。又如，制作糖醋排骨，就必须将肋条骨及骨下的部分五花肉一同取下；如煮汤，则只取骨，不带五花肉。

二是出肉必须出得干净，做到骨不带肉，肉不带骨，尽量避免浪费。因此出肉时刀刃应紧紧地贴着骨骼操作。

三是熟悉家畜、家禽的肌肉和骨骼的结构，做到下刀准确。

二、几种常用原料的出肉加工方法

（一）猪的出肉加工

猪的出肉加工也叫剔骨。先将半片猪肉放在案板上（皮朝下），用砍刀将其分为前腿、肋骨、后腿三段，然后依次剔去各种骨骼。

（1）剔肋骨。用刀尖先将肋骨条上的薄膜划破，将每条肋骨推出肉外，直至脊骨，然后连同脊骨一起割下。

（2）剔前腿骨。先将前腿内侧从上到下用力割开，使骨头露出，再割出锨板骨下关节，并将上面的肌肉分开，然后取出锨板骨，再剔去腿骨。

（3）剔后腿骨。先从棒子骨处下刀，将肉分开，割断关节上的筋，取出棒子骨。此骨较难取出，因此必须先将两侧的肌肉刮净，接着再取腿骨。腿骨下面有一条小细骨，应先去掉，再去腿骨。剔棒子骨与剔腿骨应交替进行才能将骨剔去。

经过上述三个步骤，半片猪的出肉加工即告完成。牛、羊的出肉加工大体与此相同。

（二）鸡的出肉加工

鸡的出肉加工，亦称剔鸡，就是将鸡肉分部位取下，再将鸡骨剔去。

剔鸡的主要步骤与手法如下：左手握住鸡的右腿，使鸡腹向上，头朝外。先将左腿根部与腹部连接的皮割断，再将右腿根部与腹部连接的皮割断。把两腿从背后折起，把连接在脊背的筋及腰窝的肉割断剔净，用力撕下两腿，剔去腿骨。左手握住鸡翅，将翅根关节处的筋割断，将鸡翅连同鸡脯肉用力扯下，再将鸡里脊肉（鸡牙子）取下即成。鸭的出肉加工与鸡基本相同。

（三）水产品的出肉加工

1. 鱼类的出肉加工

鱼的出肉加工，是将生鱼去骨、去皮而用其净肉。用来出肉的鱼一般选择肉厚、刺少的品种。

（1）棱形鱼类的出肉加工。以青鱼为例，将青鱼头朝外，腹向左放在菜墩上。左手按着鱼，右手接刀，从背鳍外贴脊骨割一刀，再横劈进去，前至鳃盖，后至尾部，将鱼肉全部劈下，另一面加工方法相同。最后把两扇鱼肉边缘的鱼刺去净，再将皮去掉（也有不去皮的）。

（2）扇形鱼类（即扁口鱼类）的出肉加工。以鲳鱼为例，将鲳鱼头朝外，腹向左平放在菜墩上，顺鱼的背侧线划一刀直至脊骨，再贴着刺骨劈进去，直至腹部边缘，然后将鱼肉带皮撕下，另一面的鱼肉用同样的方法取下。最后将鱼刺和皮去掉。

（3）鳝鱼的出肉加工。鳝鱼的出肉加工有生出和熟出两种。生出加工的操作过程是：将鳝鱼宰杀放尽血后，用左手捏住鱼头，右手将尖刀从颈口处插入，随即紧贴脊椎骨一直向尾部剖划，划成两条，去除全部脊骨。熟出加工的操作过程是：将烫死的鳝鱼进行划鳝。划鳝的技术较高，还有划双背和单背之分。所谓划双背就是将鳝鱼划成鱼腹一条、鱼背一条（即整个背部肌肉连成一片，中间不断开）。单背就是划成鱼腹一条、鱼背两条（即整个背部肌肉中间断开，成为两条）。所用的工具都是毛竹制成或牙刷柄磨成的半面较细的斜角工具。因鳝鱼的骨骼是三角形的，所以一般划法都是顺骨骼划三刀。先划鳝鱼腹：将鳝鱼头向左、尾向右、腹向里、背向外放在案板上。左手握住鳝鱼头，并用大拇指压颈下骸骨处，撬开鳝鱼腹可以看到鳝鱼骨的缺口，右手将划刀竖直，从缺口处贴骨插入，直至刀尖透过肉而碰到案板；这时用大拇指和食指捏住划刀，后三指夹牢鳝鱼背，用力将刀向尾部划去，整个软腹就和鳝鱼骨分离，然后将鳝鱼翻一个身，鳝鱼背向里，刀沿鱼骨插入鳝鱼深度的一半，划向尾部，再翻一个身，鳝鱼背向上，同样再划一刀，整个背部肌肉连在一起的一条双背就划了下来。划单背的方法比较简单，就是在划的时候，将背部肌肉的中间处划断，而把鳝背划成两条背肉。

应当注意，鳝鱼的骨头应合理利用，可用来提取鲜汤。

2. 虾的出肉加工

出虾肉也叫出虾仁，有挤、剥两种方法。挤的方法一般用于小虾，可捏着虾头尾，用力将虾肉从脊背处挤出；剥的方法一般用于大虾。还有将虾煮熟再剥出虾肉的。

河虾，在4月至5月中旬有虾子及虾脑，在出肉加工中应加以利用。虾子可将虾放在清水中漂出，洗去杂物，用慢火炒后，再上笼蒸透成块，晒干后捻散备用。虾脑也可取出，做其他菜肴用。

3. 蟹的出肉加工

出蟹肉亦称剔蟹肉。先将蟹蒸熟或煮熟，然后分别从各部位出蟹肉和蟹黄。

（1）出腿肉。将蟹腿取下，剪去一头，用擀杖在蟹腿上向剪开的方向滚压，即可挤出腿肉。

（2）出蟹肉。将蟹扳下，用刀拍碎蟹壳后，取出蟹肉。

（3）出蟹黄。先剥去蟹脐，挖出小黄，再掀下蟹盖，用竹签剔出蟹黄。

（4）出身肉。将蟹身掰开，用竹签剔出蟹肉。

4. 海螺的出肉加工

将海螺壳砸破，取出肉，摘去螺黄，用食盐搓去海螺头的黏液，洗净黑膜。用此法出肉肉色洁白，但出肉率低。另一种方法是将海螺放入冷水锅内，煮至螺肉离壳，用竹签将螺肉连黄挑出洗净。用此法出肉，螺肉色泽较差，但出肉率较高。

第二节　分档取料

一、分档取料的作用

分档取料就是把已经宰杀的整只家畜、家禽经过剔骨，根据其肌肉组织的不同部位进行分档，并按照烹制菜肴的要求进行有选择的取料。分档取料是切配工作中的一个重要程序，它直接影响菜肴的质量。

（一）保证菜肴的质量，突出菜肴的特点

由于家畜各部位的肉有老有嫩、有肥有瘦等不同，烹调方法要求也多种多样，所以就必须选用原料的不同部位，以适应烹制多种不同菜肴的需要。从而保证菜肴的质量，突出菜肴的特点。

（二）保证原料的合理使用，做到物尽其用

根据原料各个部位的不同特点和烹制菜肴的多种多样的要求，选用相应部位的原料，不仅能使菜肴具有多样化的风味、特色，而且能合理使用原料，做到物尽其用。

二、分档取料的关键

（一）熟悉原料的各个部位，准确下刀是分档取料的关键之一

例如从家畜、家禽肌肉之间的隔膜处下刀，就可以把原料的不同部位的界线基本分清，就能保证所取用不同部位的原料的质量特点。

（二）必须掌握分档的先后次序

取料如不按一定的先后次序，就会破坏各个部分肌肉的完

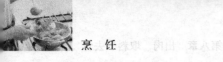

整，从而影响所取用原料的质量和数量。

第三节　整料去骨

为了烹制出用料精细、造型美观、技术较高的菜肴，往往要将鸡、鸭、鱼等整只原料进行整料去骨。整料去骨（简称去骨），就是将整只原料去净或剔出主要的骨骼，而大体仍保持原料原有的完整形态的一种刀工处理技术。原料经去骨后不仅易于入味和便于食用，还可填上其他原料，使造型美观。原料去骨后较为柔软，可以适当地改变其形状，而制作成象征性的精致菜肴，如八宝鸡、什锦布袋鸡、八宝酿鱼等。

一、整料去骨的要求

整料去骨在技术和选料等方面的要求都比较高。

（一）选料必须精细并符合整料去骨的要求

凡作为整料去骨的原料，必须选用肥壮多肉而大小适宜的整料，并且要求活鲜。例如，鸡应当选用一年左右而尚未开始生蛋的母鸡；鸭应当选用 8~9 个月的肥壮母鸭。这种鸡、鸭肉质既不老也不太嫩，去骨时皮不易破，烹制时皮不易裂。鱼也应选用 0.5 千克左右肉厚而肋骨较软的鱼，如黄鱼、桂鱼等。

（二）初步加工时为整料去骨做好准备

（1）鸡、鸭烫毛时，水的温度不宜过高，烫的时间也不宜过长，否则去骨时皮易破裂。鱼类在刮鳞时不可碰破鱼皮，以免影响质量。

（2）鸡、鸭等先不要破腹取内脏，可以在去骨时随着躯干骨骼一起除去。鱼的内脏也可以从鳃中挤出。

（三）整料去骨

去骨时必须不破损外皮，进刀要贴骨，剔下的骨尽量不带肉，肉中无骨，下刀的部位要正确。

二、整料去骨的方法

（一）整鱼去骨

（1）出脊椎骨。将鱼头朝外、腹向左放在菜墩上。左手按住鱼腹，右手将刀紧贴鱼的脊椎骨上部横片进去，从鳃后到鱼尾片开一条刀口，用手在鱼身上按紧，使刀口张开，继续贴紧头向里片，直至片过脊椎骨。再将胸骨与脊骨相连处片开（不能割破腹部的皮），鱼的脊椎骨与鱼肉分离。然后将鱼翻个身，用同样的方法使另一面的脊椎骨也与鱼肉完全分离出来。在靠近鱼头和鱼尾处将脊椎骨斩断取出，但鱼头鱼尾仍与鱼肉相连着。

（2）出胸肋骨。将鱼腹朝下放在墩子上，翻开鱼肉，使胸骨露出根端，将刀略斜，紧贴胸骨往下片进去，使胸骨脱离鱼肉，再将鱼身合起，仍然保持鱼的完整形状。

（3）整鱼出骨法。操作方法是：鱼经刮鳞去鳃，用水洗净后，揩干鱼身上的水分，平放砧墩上，头左尾右，鱼腹朝操作人，在鳃骨下距月牙骨约 1 厘米处，横切一刀，斩断脊骨。再在平鲙门后距离尾部约 7 厘米左右处，切开约 1 厘米大小的一小口，以能斩断脊骨为度，将鱼头朝里尾朝外，左手按鱼头，右手持刀（一种特制的剔骨刀，呈"一"字形，长约 25 厘米、宽约 2 厘米、厚 1.5 厘米，刀刃在刀头部位和前部两侧，刀刃不大锋利），端平刀身，从鱼头脊椎骨处进刀，用平推刀法缓缓用力向前推刀，左手按住鱼背，至刀到达尾部脊椎断骨处，再用片刀法向肋骨处横片，割离脊肉与脊骨。这一面片好后，翻过鱼身，用拇指和食指捏住鱼头，其余三指贴住鱼身，用拇指将鱼头推向上，脊椎断骨即暴露。采用同样的方法，使这一面脊椎骨、肋骨，脱离鱼肉，再翻过鱼身，用左手按住鱼腹，用右手手指捏住脊骨和肋骨，慢慢抽出即可。此种整鱼出骨法较前者技术性要求较严，工艺性则更高。

（二）整鸡（鸭）去骨

（1）出颈骨。划破颈皮，斩断颈骨，沿鸡颈在两肩相夹处直划一条6~7厘米长的刀口。把刀口处的颈皮掰开，将颈骨拉出，在靠近鸡头将颈骨剁断，刀不可碰破颈皮。

（2）去翅骨。从颈部刀口处将皮肉翻开，使鸡头下垂，然后连皮带肉缓缓往下翻剥，剥至翅骨的关节（骱骨）露出后，用刀将关节上的筋割断，使翅骨与鸡身脱离，先抽出桡骨和尺骨，然后再将翅骨抽出。

（3）去鸡身骨。一手拉住鸡颈骨，另一只手拉住背部的皮肉慢慢翻剥。要将胸骨突出处按下，使之略为低些，以免翻剥时戳破外皮。翻剥到脊部皮骨连接处时，如不易剥下，可用刀贴骨割离，再继续翻剥。剥到腿部时，将两腿向背后部掰开，使长节露出，将筋割断，使腿骨脱离。再继续向下翻剥，剥到肛门处，把尾尖骨割断（不要割破鸡尾），鸡尾仍要留在鸡身上。这时鸡身骨骼已与皮肉分离，随即将骨骼、内脏取出，将肛门处的直肠割断，洗净肛门处的粪便。

（4）出鸡腿骨。将大腿骨的皮肉翻过一些，使大腿骨关节外露，用刀绕割一周，割断筋络，将大腿骨向外抽拉，至膝关节时用刀割下，再在近鸡爪处横割一刀，将皮肉向上翻，将小腿骨抽出斩断。

（5）翻转鸡皮。鸡的骨骼去净后，仍将鸡皮翻转朝外，形态上仍然是一只完整的鸡。

第九章　挂糊、上浆、勾芡

第一节　挂　糊

一、挂糊

挂糊是指经过刀工切配、腌制（基础调味）的原料表面拍、粘或裹一层调好的黏性糊，经油炸处理成为半成品或成品的方法，挂糊后的原料质感外酥内嫩或松软、成型美观。

二、糊的种类及调制方法

（一）水粉糊

水粉糊由干淀粉、水、油构成，成品外皮脆硬，色焦黄，常用于干炸、焦熘一类菜肴，用途广泛。

水粉糊的调制方法如下。

（1）准备玉米淀粉 100 克、冷水 50 克、植物油 10 克、白钢盆一个，将玉米淀粉倒入盆内，见图 9-1①。

（2）将清水分次倒入盆中，见图 9-1②。

（3）将淀粉与水充分拌匀，见图 9-1③。由于淀粉在水中不溶解，如果搅拌不均，淀粉中细小的颗粒形成一个个小的粉团，在油炸时就会产生气体爆裂伤人。

（4）水粉充分搅匀后，将植物油倒入，见图 9-1④。加入

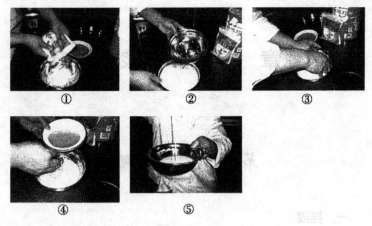

图 9-1

植物油是为了使成品更加酥脆，原料入锅时滑润易分散。

（5）调好的水粉糊用手抓起一些让其自由流下，比例合适的糊自手中流淌下来连绵不断，两指分开糊能粘连成片，见图9-1⑤。如果糊自手中呈水滴状滴落，表明糊过稀；如果糊不流淌或呈粗块状，说明糊干。调制水粉糊可以利用淀粉不溶于冷水的特性将玉米淀粉先泡好，待淀粉沉淀把上面的水倒掉，用泡好的湿淀粉调制效果更好。糊调好后尽快使用，远离热源放置。

（二）酥糊

酥糊由鸡蛋、淀粉、植物油构成，成品色泽金黄，口感酥脆、蓬松饱满，多用于酥炸类菜肴。

酥糊的调制方法如下。

（1）准备全蛋两个、生豆油25克、玉米淀粉150克，见图9-2①。

（2）鸡蛋打入盆中搅散，淀粉投放时一次不要加入太多，防止形成淀粉颗粒无法搅开，见图9-2②。

（3）将淀粉与鸡蛋液充分搅拌，见图9-2③。搅拌时不要过于用力，同时用手指捻捏，防止糊中干淀粉不溶解形成粉粒。

（4）把油倒入糊中，缓慢搅拌使油糊充分混合，见图9-2④。

（5）调制完成的糊，色泽金黄浓度适中，见图9-2⑤。制糊时加入油脂主要起到酥松的目的，使用生豆油是为了使成品色泽美观。有些地区调制酥糊时还会加入适量的面粉，淀粉与面粉的比例是2∶1，调制时不要用力搅拌防止面粉起筋性。

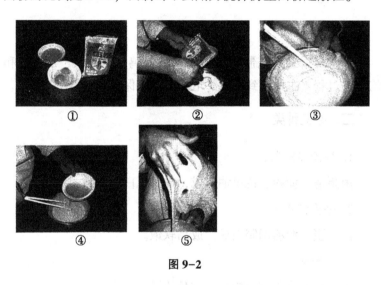

① 　　　　 ② 　　　　 ③

④ 　　　　 ⑤

图9-2

三、调糊、挂糊的操作要领

调糊、挂糊的操作要领如下。

一是质嫩的原料挂糊应厚一些，质老的原料挂糊应稀薄一些。

二是经过冷冻的原料糊要稠一些，未经冷冻的原料糊可稀

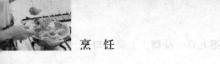

一些。

三是糊要把原料全部包裹起来，没有包裹住的地方经油炸质地会变老，色泽不均影响菜肴质量。

四是原料挂糊后应立即烹调，停留时间太长影响色泽和质感。拍粉的原料如停留时间太长，水分渗出形成一层淀粉皮，经油炸后与原料分离会鼓起，影响菜肴质量。

第二节　上　浆

一、上浆

上浆是指经过腌制码味的原料加入鸡蛋、淀粉、油，拌和均匀的过程，主要起到保水、增加嫩度和保护原料鲜味的作用。

二、浆的种类

1. 蛋清淀粉浆

由蛋清、淀粉、色拉油构成，成品色白、软嫩。

2. 全蛋淀粉浆

由全蛋、淀粉调制而成，成品软嫩。

3. 淀粉浆

由湿淀粉或干淀粉构成，成品软嫩。

三、上浆实例

（一）肉丝上浆

肉丝上浆的操作方法如下。

（1）切好的肉丝 200 克、鸡蛋清一个、干淀粉 30 克、绍酒适量、精盐 1 克，见图 9-3①。

（2）将肉丝用干净的布吸净多余的水分，加入绍酒、精盐码味后放入盆中备用，见图 9-3②。

（3）放入蛋清轻轻搅拌均匀，见图 9-3③。

（4）把干淀粉均匀放入，见图 9-3④。

（5）采用从下向上翻拌的方法把肉丝与淀粉蛋清拌匀，然后倒入适量的色拉油拌匀，见图 9-3⑤。

（6）浆好的肉丝放入冰箱中静置 1 小时后即可烹调，见图 9-3⑥。

①　　　　　　②　　　　　　③

④　　　　　　⑤　　　　　　⑥

图 9-3

（二）虾仁上浆

虾仁上浆的操作方法如下。

（1）虾仁 300 克、蛋清一个、绍酒少许、胡椒粉适量、干淀粉 40 克、色拉油适量，见图 9-4①。

（2）将虾仁用洁净的布吸净多余水分放入盆中，放入精盐

2 克、胡椒粉适量拌匀，见图 9-4 ②。

（3）加入蛋清和干淀粉拌匀，拌好后用中等力量摔打使其与淀粉、蛋清完全吸附在一起，见图 9-4③。

（4）拌入适量的色拉油放入冰箱中冷藏，见图 9-4④。

（5）上好浆的虾仁饱满、光润，见图 9-4⑤。

图 9-4

四、上浆的操作要领

上浆的操作要领如下。

一是原料一般都要先进行基本调味，调味不可过重，盐量占总量的 1/3 即可。

二是浆的厚度按菜肴的要求而定，宜薄不宜厚，冷冻后或水分较大的应采用干粉上浆。

三是上浆时抓拌力度要轻，主要以拌为主，轻轻搅动均匀即可，勿用力过大造成原料破损、碎裂。

四是酒店对常用原料通常批量上浆，如虾仁、肉片、牛柳等，这种上浆法应用较广，所以操作时要根据原料特点及日用量而定。上浆时可略稀一些，因为淀粉吸水慢慢膨胀，这样原料会变得鲜嫩，浆的效果更好。

五是滑油时，必须掌握好油温、控制好火候。油凉脱浆，沉底粘锅；油热原料不易滑散，凝固成团分散不开，甚至出现焦糊状。

第三节　勾　芡

勾芡也称拢芡、打芡，就是在菜肴接近成熟或出锅之前，将调制好的粉芡淋入锅内，使菜肴汤汁浓稠，增加汤汁对菜肴附着力的一种技术。其主要的原因是淀粉受热吸水膨胀糊化产生黏性，形成透明光滑的芡汁粘在原料表面，淀粉的黏性大小主要看其所含支链淀粉的多少和在水中溶解程度。淀粉本身没有味道，但菜肴通过勾芡改变其物理状态，食品的温度、黏度、口感、色泽受勾芡的影响发生一些变化，人们在食用时通过感官反应能感到菜肴的不同变化，从而达到调味增鲜的目的。

一、勾芡的主要原料

勾芡使用的主要是各种淀粉。淀粉的质量由于种类不同其勾芡后的效果也各有不同，通常选择的淀粉要色白、细腻、黏性强，则勾芡后的芡汁黏稠、透明度高。烹调中用于勾芡的淀粉如下表所示。

表　烹调中用于勾芡的淀粉

品种	特点
生粉	木薯、蚕豆制成，色泽洁白，黏性较强，用途较广，勾芡和制糊效果都好。南方一些地区使用较多，现在全国普遍使用

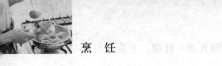

（续表）

品种	特点
玉米淀粉	玉米磨碎沉淀所得的淀粉，用途较广，是烹调中价廉物美的一种淀粉，其特点是色泽洁白、黏性强。用做勾芡可使卤汁均匀，无沉淀物，但透明度稍差，勾芡调糊效果俱佳
绿豆淀粉	绿豆制成，黏性足，吸水性较差，色泽洁白，微带青绿色，有光泽，质量较好。用作勾芡可使卤汁浓稠，无沉淀。部分地区用作勾芡，多数用来制作一些淀粉制品
马铃薯淀粉	马铃薯磨浆沉淀制成。黏性足，吸水性较强，质地细嫩，色泽洁白。用做勾芡效果好，制糊应用较少，多用于制作一些淀粉制品
甘薯淀粉	地瓜淀粉，色泽灰暗，质地粗糙，黏性差，比其他的淀粉稍差

二、粉汁的种类

（一）单纯粉汁

单纯粉汁是由淀粉加水调匀而成的，烹调中应用广泛。

（1）淀粉与水的比例为1∶2，根据每日的用量添加。

（2）经常换水保持粉汁干净，收档时放入冰箱存放，防止发酵变酸。

（二）兑汁

在菜肴烹调前先把菜肴需要加入的调味品和汤汁放入碗内，加入湿淀粉调匀。菜肴主料经过油处理再回锅时，烹入碗汁颠翻均匀。

三、芡汁的分类

（一）包芡

包芡又称厚芡、爆芡，是浓度最大的一种芡。这种芡汁多用于爆菜，勾芡后菜肴的汤汁浓稠，包裹在菜肴的表面上，盛入盘内菜肴不散落、不流汁，紧汁爆芡，吃完菜肴后盘内基本无汁，只余有少许的油汁。使用这种芡一般都用于爆、炒的方法，使用兑汁旺火速成。

（二）糊芡

糊芡是一种较厚的芡汁。这种芡比爆芡的浓度稍稀，一般用于烧、烩的方法。勾芡后汤菜融合，柔软滑润，口味变醇厚，并且能起到很好的保温作用。

（三）流芡

流芡又称玻璃芡、琉璃芡。勾芡后一部分芡汁挂在菜肴上，一部分流向盘中呈现稀流状。这种芡适用于熘、蒸、扒以及一些特制的菜肴。一般使用菜肴的原汁勾芡，制成后汤宽味厚、油润香鲜。

（四）米汤芡

米汤芡是一种最稀的芡汁。这种芡汁稀薄，适用于一些口味清淡、鲜嫩易熟、烹制时间较短不宜入味的菜肴。通过适量芡汁的作用使菜肴汤汁变稠附着在菜肴上，使菜肴口味变厚。

四、勾芡的具体操作方法

（一）烹入法

烹入法一般使用兑汁芡。在菜肴的初步熟处理阶段就把菜肴需要的各种调味品放入碗中，再加入湿淀粉调匀。烹制时倒入锅内迅速翻匀，多用于爆、炒、熘等旺火速成的烹调方法。

（二）淋入法

淋入法是在菜肴接近成熟时，将调好的粉汁一边均匀地、缓缓地淋入锅内，一边摇晃，使整个菜肴和汤汁均匀融合，成菜滑润柔软。淋入法多用于烧、扒、烩等烹调方法。

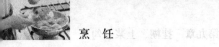

（三）浇入法

浇入法是在菜肴成熟时装入盘内，另起油锅调制卤汁，浇在菜肴上面，使卤汁附着在菜肴上，芡汁在盘内呈半流体状态。

五、勾芡的操作关键

勾芡必须在菜肴即将成熟时进行，过早或过迟都会影响菜肴的质量。如果勾芡后菜肴在勺中停留过久，则卤汁易焦，所以不能过早勾芡。一些熘、爆等烹调方法的菜肴的操作过程非常迅速，如果在菜肴已经成熟时才进行勾芡，勾芡后要翻拌、淋明油，就会造成菜肴受热时间过长，失去脆嫩的口感，所以勾芡一定要选择恰当的时机来进行。

勾芡必须在旺火上进行。勾芡时火力不足，就会使淀粉不能迅速糊化，容易粘底，而且由于淀粉溶液不能够及时、彻底糊化，造成多勾芡的现象，从而影响菜肴的质量。

勾芡时菜肴卤汁中的油量不宜过多。油量过多，勾芡后卤汁便不易粘裹上原料。如果勾芡时发现油量过多，可用手勺先将油撇出一些，待勾芡后再淋入勺内。

用单纯的粉汁勾芡，必须在菜肴的口味、颜色已经调准后进行。

第十章　冷菜制作

第一节　冷菜的特点

冷菜，凉吃菜肴的简称又称凉菜。冷菜的特点以嫩、香、不腻、无汤为主。烹制冷菜，可用的原料较多，家畜、家禽、野味、水产、蔬菜、干果均可，这些原料中有些原料经济价值虽然不高，但只要粗料细做，细料精做，同样能做出色、香、味、形俱佳的菜肴。从烹饪过程来看，冷菜的制作同热菜的制作相比相同之处即大部分冷菜制作时，原料也要经过加热烹制和调味，只除少数冷菜制作时，原料不需要经过加热烹制，只需调味即可。不同之处在于，热菜制作时的一般情况下先将原料切配，再烹制成菜肴；而冷菜制作时，一般情况下是先将原料烹调成熟料，再切配制成菜肴。

第二节　冷菜的制作方法

一般从制作冷菜时原料是否加热来看，冷菜的烹调方法可分为凉制法和热制法两大类。所谓凉制法，是指原料洗净后，用刀加工成一定形态，不需要烹制，只需调味即可制成菜肴的制作方法。其中热制法是指先将原料烹调成熟料后，晾凉，再切配制成菜肴或者是先将原料切配后再烹调，至原料成熟后出

锅晾凉的制作方法。制作冷菜常用的几种烹调方法一般有拌、炝、卤、酱、熏、腌、白煮、冻、挂霜、卷等。

一、拌制

拌制主要是指把生料或晾凉的熟料加工成块、片、条、丝，再用调味品拌制的方法。拌凉菜的主要品种有拌黄瓜、拌芹菜、拌和菜、香椿拌豆腐、拌鸡丝拉皮、拌皮丝等。拌冷菜的调味品主要有酱油、醋、葱、蒜末、芝麻油、姜汁、辣椒面、花椒面、芝麻酱等。拌冷菜主要是取其清香爽口，吃其嫩鲜。用生料拌冷菜时，一定要先将原料清洗干净，然后再切成小料拌制。拌菜用的荤料，一般要经过煮或烫，晾凉后再拌制。也有少数菜是采取热拌的方法，吃其温凉，如拌肚丝、拌虾片等。

二、炝制

炝与拌不同，拌主要用酱油、醋和芝麻油等调料拌和。炝则主要用花椒油等调料拌和，拌菜主要是凉拌，炝菜多数是热拌。炝制具体说是指把生料先加工成块、片、条、丝，再用沸水稍烫一下，等到稍凉或趁热用花椒面、花椒油等调料拌制的方法。炝的品种主要有炝鸡丝冬笋、炝里脊丝、炝虾子芹菜、炝生鸡丝、炝虾片、炝腰片、炝虾、炝蚶子、炝鱼片等。一般是拌后要稍放片刻，使调味渗透原料。炝与拌一样，在制作菜肴的最后步骤都是调味，不需要加热。

三、卤制

卤制是指将原料放在配好的卤汁中煮，以增加食物的香味和色泽的热制方法。卤的原料，大多数是家畜、家禽及内脏等原料。卤的关键是在调配卤水，放入卤水中的各种香料和调味品的比例一定要适当，并且还要保存老卤汁。卤水的配制有白卤水红卤水之分。白卤水的配料有水、精盐、桂皮、大茴香、沙姜、草果、甘草等。这些香料装入小口袋里扎上口，和盐一起放入水中煮1小时，煮出香味后，就可卤制白色的食物，其制品有卤鸭、卤猪脏、卤肫肝、卤牛肉、卤牛肚、卤牛舌、卤豆腐干、卤鸡蛋等。红卤水的配料有水、酱油、精盐、料酒、冰糖、桂皮、大茴香、花椒、草果、沙姜、丁香等。其操作方法是先用一只小布袋，把各种香料装入袋里，扎上袋口，放入水中煮沸，再加进酱油、盐、冰糖、料酒，小火煮约1小时，煮出香味后，即成卤汁，就可卤制各种食品了；卤出的菜口味浓香，色泽好看。卤汁保存的时间愈久，其鲜味愈好，香味愈浓。老卤汁保存时，注意一定不要用手捞原料，这样不卫生，且容易使卤汁污染变质。在卤原料时，要注意撇去血污浮沫，卤好后要撇油。每隔几天卤汁还要清底过箩筛，以免时间长了沉在锅底的碎肉渣、碎骨渣变味以影响卤汤的质量。卤菜在烹制时的操作步骤是：先是用大火煮开，再用温火慢煮，使原料吸进卤汁。原料卤好后，捞出分类摆在大搪瓷盘内，待其晾冷后，在其表面涂上一层香油，以防止卤好后的原料干缩，发硬变色，不香不嫩。也有的将原料卤好后不立即捞出，而是继续存放在卤汁中，随用随取，使其口味更加香嫩。

四、酱制

酱制的烹调方法和卤制的方法基本相同。把卤制原料的卤汁收浓，全部浇在制品上就叫"酱"。实际上卤和酱是不同的。一般来说，酱的原料需要先用盐和酱油稍腌一下，酱制的卤汁是现用现制，但要熬得浓；原料酱好后，将卤汁涂在原料表面上。品种主要有酱牛肉、酱猪肉、酱鸭、酱鸡等。酱的颜色分

为紫酱色、鲜红色、玫瑰色等。其特点是味浓、色艳、酥烂。

五、熏制

熏制有两种方法，分别是生熏和熟熏。生熏是指用调料将加工好的原料，浸渍一定时间，放入熏锅里，利用松枝、木屑、竹叶、茶叶、甘蔗皮、砂糖、锯末等熏料的烟熏制。熏的主要品种有熏蛋、熏鱼、熏鸡、熏鸭、熏豆腐等。熏制时，时间不能过长，否则会产生有毒物质——苯并芘。生熏时一般选用鲜嫩易熟的原料，而对体大或不易成熟的原料，应预熟再熏。熏能使食品部分组织脱水，增加风味和色泽；能有效地起抗氧剂、抑菌剂和杀菌剂的作用，在烟熏产品的表面上形成保护膜。

六、腌制

这里所说的腌制，同腌咸肉的概念不同。腌制是指将原料投入调味汁中浸渍，或用调味品涂抹、拌和以排除原料内的水分使原料入味的方法。在冷菜中的腌，方法比较多，常见的有糟腌、醉腌和盐腌。糟腌，是以盐和香糟卤为主要调料，一般是将原料用盐腌后，再用糟卤浸渍。冷菜中糟腌的菜品，主要是在夏天吃。它的特点是清洁白净，凉爽芳香。其主要品种有醉蟹、红糟鸡、风鸡、酸辣菜、盐水肫、硝肉、爆腌肉等。醉腌是以酒把原料浸醉，不需加热，经过一些时间就可以吃。醉腌按调味品的不同来分，有红醉、白醉之分，红醉时要用酱油，白醉则用盐。按照原料的不同，又可分为生醉和熟醉。生醉是指用鲜活原料直接醉腌，熟醉是经过加工成半成品后，再进行腌制。盐腌是将原料用盐擦抹，或放入盐水中浸渍的腌制方法。盐腌能使盐分渗入食品，使食品中的水分溢出以保持食品原来的鲜嫩，使其吃时不腻口。

七、白煮制

白煮制的方法比较简单。顾名思义，白煮制就是将原料放在水锅或白汤锅中煮熟后，浇上兑好的调味清汁的制作方法。白煮的菜肴品种主要有煮白斩鸡、煮白片肉、煮白肚、煮火腿等。其特点是滋润、肥嫩、鲜香。白煮时，火候要掌握好。一般是水要先烧开，再将原料投入锅中，随后用小火继续加热，原料断生就可以，不需要煮得太烂。

八、冻制

冻制就是将烹调成熟的原料在原汁中加入胶质如琼脂、肉皮冻等，使之冻结在一起的一种方法。冬天气候较冷，可以用油分较多的原料，如冻猪脚爪、冻肉、冻羊羔、冻鱼等；在夏天做冻菜时，要尽量用油分少的原料，如冻鸡、冻虾仁等。冻制法所用的原料多半是含有胶质较多的动物性原料。

九、挂霜制

挂霜制就是指经过酥炸的原料，在锅内再上一层糖霜的烹制方法。其操作方法是在锅内放清水适量，加入白糖，用中火熬至起大泡时用锅铲铲起"吊牌"，将原料放入后进行不停地翻炒，以使原料均匀粘满糖汁，待其起白霜时，簸转起锅就可以。如挂霜桃仁、糖粘羊尾、挂霜丸子等。

十、卷制

卷制的烹调方法是指将原料用布卷好后扎紧蒸熟，取出晾凉再切成片装盘。卷的操作关键在于要卷得牢、扎得紧，这样制成的食品才能干香。但也有的食品卷时不用布，如蛋卷；还

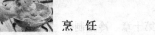

有些精细的品种是将原料先切成薄片，再放入各种原料卷起来的，如鸡丝卷、黄瓜鸭片卷、三丝鸡卷、云彩肉和陕西的肘花。

十一、炸收

炸收是指将清炸的半成品入锅，加入少量汤汁，酌情调味，用中火或小火收汁入味的烹制方法。在冷菜制作中，广用此法，其菜品繁多，风味各具，如陈皮牛肉、花椒鸡丁、五香酥鱼、麻辣兔块、糟香虾仁、芝麻豆腐干等。炸收可烹制各类肉品与豆制品，选料以质地细嫩无筋者为好。此法的特点是：半成品或经刀工码味后的原料，一经油炸后其水分大减，外酥内嫩，再加汤汁调品收汁，菜品酥松且有润气，干香而滋润、化渣、利口、不顶牙，越嚼味越浓，食之津津有味，为佐酒之上品。

第三节　冷菜调味汁的配制方法

一、麻辣味汁

【配方】（配制 20 份菜）

红油海椒 30 克（或红油 100 克）、花椒粉 20 克、红酱油 30 克（如老抽需加水稀释）、精盐 30 克、味精 20 克（碾粉）、白糖 30 克、料酒 50 克、姜末 20 克、小麻油等味料加开水 750 克（或鲜汤）调制而成。

【配制说明】

本配方味重，口感麻辣、咸鲜、略带回甜，属四川口味。可调制成味汁浇淋凉菜，也可将以上调料直接拌制肚丝、卤牛肉等。此味型红油、花椒粉（或花椒油）要重。

二、红油味汁

【配方】（配制 20 份菜）

红油 100 克、酱油 50 克、味精 20 克、白糖 30 克、料酒 75 克、蒜泥 50 克、精盐约 20 克、姜末 20 克、五香粉 15 克等味料加开水 750 克（或鲜汤）调制而成。

【配制说明】

本配方属四川口味，以咸鲜香辣味为主，红油味较重，略带回甜。可调制成味汁浇淋凉菜，也可直接拌入卤牛肉片、夫妻肺片等凉菜中。

三、五香味汁

【配方】（配制 30 份菜）

八角 10 克、桂皮 5 克、丁香 2 克、草果 2 克、甘草 2 克、香叶 2 克、沙仁 2 克、山奈 2 克、小茴香 3 克、精盐约 20 克、料酒 50 克、酱油 50 克、白糖 10 克、味精 10 克、姜末 20 克、小麻油 100 克等。

【制法】

将以上香料加清水或鲜汤 1 200 克，小火烧开 5 分钟后加入味料并倒入容器中，用小麻油封汁焖泡 15 分钟后即可使用。

【配制说明】

本配方以五香咸鲜味为主，可直接淋入切好的凉碟中，也可将香料渣去掉，将汁直接拌入卤菜，另外，可适量加入红油。一般适宜拌肉类卤制品。

四、棒棒味汁

【配方】（配制 15 份菜）

芝麻酱 50 克、生抽 100 克、白醋 50 克、精盐 20 克、红油 30 克、葱花 5 克、味精 15 克、小麻油 20 克、花椒油 10 克、白糖 10 克。

【制法】

将以上调料入碗碟调匀即成，如口味过重可适当兑入清水，调匀后淋入凉菜中或拌入肚丝、鸡丝中即成。

【配制说明】

棒棒味近似怪味，特点是芝麻酱味略浓，可拌鸡丝、肚丝、白肉等，口感香辣酸甜。

五、蒜泥味汁

【配方】（配制 30 份菜）

蒜泥 250 克、精盐 50 克、味精 50 克、白糖 30 克、料酒 50 克、白胡椒 20 克、色拉油 100 克、小麻油 50 克。

【制法】

将以上调料加入清汤或凉开水 750 克搅拌均匀，然后放入色拉油及小麻油拌匀即成。

【配制说明】

此配方汁可直接淋入装盘的鸡丝、肚丝、拌白肉等凉菜中，也可拌入原料然后装盘。蒜泥味汁一般多用于白煮类凉菜，所以，不用酱油，其口味特点是蒜香浓郁，咸鲜开味。

六、茄汁味汁

【配方】（配制 20 份菜）

番茄酱 200 克、白糖 300 克、精盐 15 克、白醋 50 克、蒜泥 30 克、姜末 10 克、色拉油 200 克。

【制法】

将色拉油入锅烧热后下蒜泥及番茄酱炒香，再加入清水 500 克及以上调料炒匀即成。

【配制说明】

此茄汁可淋浇鱼丝、里脊丝等丝状凉菜中，如遇马蹄、鱼条、藕条则将原料炸制后再入锅中同茄汁炒入味，炒制时不能勾芡，要以茄汁自芡为主。味型酸甜、蒜香。

第四节　冷菜的装盘

一、冷菜拼装的形式

冷盘的类型从内容上分为单拼、双拼、三拼、什锦拼盘、花色冷盘等。

1. 单拼

单拼也叫独盘、独碟。就是每盘中只放一种冷菜原料种形式的装盘，有圆形、桥形、马鞍形、三角形等。

2. 双拼

双拼是将两种不同原料拼在一起。不但要讲究刀工整齐里安排色彩，适当搭配原料，使冷盘丰满美观。

3. 三拼

三拼是将 3 种不同原料拼在一起，要求与双拼同。四拼五拼也是同样方法，只是多加几种原料。

4. 什锦拼盘

什锦拼盘是将许多不同色彩的原料，经过切配拼置在一大盘中。拼盘技术要求严格，刀工熟练，讲究原料色、味交错，块形一致，大小相仿，共同构成一个整体。美观大方、精巧细

腻、色彩绚丽。

根据原料是否带骨及拼装是否讲究表面平整，分为什锦冷盆和平面什锦冷盆两种。

5. 花色拼盘

花色拼盘将各种成品原料加工切配好，在选好的盘内拼成各式各样的图案。

要求：加工精细，选料严格，拼成图案，形象生动逼真，色彩鲜艳，引人食欲。所选图案迎合消费者的心理需求。

二、冷菜装盘的方法

（一）排

将熟料平排成行的排在盘中叫排。排菜的原料，大都分为单盘、拼盘、花色冷盘 3 种。用较厚的方块或腰圆块（椭圆形），且有各种不同排法：如"大腿"宜排成锯齿形，逐层排迭，可以排出多种花色。"油爆虾"或"盐水虾"宜剥去头部的壳后，两只一颠一倒拼成椭圆。

（二）堆

堆就是把熟料堆放在盆中，一般用于单盆，如荤菜中的卤肫肝、酱牛肉、叉烧肉、油爆虾等，素菜中的拌干丝、卤汁面筋、拌双冬等。在堆的时候也可配色，堆成花纹，有些还能堆成很好看的宝塔形。

（三）叠

叠是把加工好的熟料一片片整齐地叠起，一般叠成梯形，叠时需与刀工结合起来，随切随叠，切一片叠一片，叠好后铲在刀面上，再盖到已经用另一种熟料垫底盖边的盆中。如火腿片、白切肉片、猪舌、牛肉、羊羔、盐水肫、卤腰、如意蛋卷、素火腿等，都是采用这种装盘方法。

（四）围

将切好的熟料，排列成环形，层层围绕，叫作围。用围的装盘方法，可以将冷盘制成很多花样。有的在排好主料的四周，围上一层辅料来衬托主料，叫作围边。有的将主料围成花朵，在中间用另一种辅料点缀成花心，叫作排围。如将皮蛋切成瓦楞、形围成花形，中心撮一些火腿末或肉松，作为花心，形状就更美观。

（五）摆

是运用各式各样的刀法，采用不同形状和色彩的熟料，装摆成各种物形或图案，如凤凰、孔雀、雄鸡等，叫作摆。这种方法需要有熟练的技术，才能摆得生动活泼，形象逼真。

（六）覆

将熟料先排在碗中或刀面上，再翻扣入盘中或菜面上叫作覆，如冷盘中的油鸡、卤鸭，斩成块后，先将正面朝下排扣碗内，加上卤汁，食用时再翻扣入盘里。

第十一章　热菜制作

第一节　煽菜制作

干煸也叫煸炒，是川菜中极具特色、而操作技术难度较大的一种烹制方法，烹制时要将已加工成丝、条的原料不上浆不勾芡、炒熟煸干至脱水，达到酥软干香。由于干煸在整个烹调过程中要多次变换火候，它们各自含水量的水分及纤维结构又有所不同，质地老嫩也存在着千差万别，要使干煸菜肴达到酥软干香，应根据原料的不同特征来运用火候。

一、煸鲜嫩蔬果

干煸素菜常用的原料有冬笋、春笋、篙笋、萝卜、辣椒、四季豆、豇豆与苦瓜等。这些材料含的水分较多，新鲜脆嫩。烹制时都常先用旺火滚油炸，使原料表面脱水，一般都炸至植物性原料表面起细微的皱纹，色略黄即可；然后再以小火煸炒至锅中见油不见水，有的烹少许醪糟汁或料酒，清除蔬菜中的生味，或加冬菜末、瘦肉末、精盐、味精等调配料，继续煸炒至干香酥软。

干煸素菜具有酥软鲜嫩、干香味醇的特点。

【虎皮海椒实例】

原料：青辣椒 500 克。

调料：川盐 2 克、醋 25 克、味精 2 克、香油 5 克、菜油 50 克。

烹制：鲜嫩青辣椒去蒂洗净，放进中火无油干锅中煸炒，待两面起泡起皱后，下菜油、川盐炒转起锅，装盘加入醋、味精、香油。

二、煸禽畜肉类

干煸禽畜类原料常用的有牛羊肉、瘦猪肉、兔肉、鳝鱼、鱿鱼等。这些原料含水量适中，纤维质较长、结构紧密，富含蛋白质，且有腥膻臊味。按传统的烹制方法是用旺火滚油将原料水气煸干，直到锅中见油不见水时，然后移至中火上加调配料煸炒至干香成菜。这样几次变换火候，成菜有酥软干香，回味悠长的特点。

【干煸鳝鱼实例】

原料：鲜鱼片 400 克、黄豆芽 100 克。

调料：姜丝 15、蒜丝 10 克、郫县豆瓣 25 克、料酒 15 克、酱油 10 克、醋 3 克、川盐 2 克、味精 2 克、花椒面 1 克、糖 1 克、菜油 120 克。

切配：鳝鱼片切成 6~8 厘米长，筷子头般粗的鳝丝，洗净血水沥干。黄豆芽掐去根脚，洗净沥干。豆瓣剁细。

烹制：炒锅置旺火上，放少许菜油烧热，将黄豆芽煸炒至断生，加毛毛盐炒匀出锅待用。

炒锅炙好，置旺火上，下菜油烧至七成热，放鳝丝爆炒至水分干时，再烹入料酒煸炒。待酒挥发后，下豆瓣南炒上色，下姜、蒜丝炒出香味，继放盐，改用小火煸至鳝片酥软吐油时，下糖、味精、醋稍炒几下，投进已煸熟黄豆芽推匀，起锅滴进麻油，装盘后撒上花椒面即成。

第二节　炸菜制作

炸是将经过加工处理的原料放入大油量的热油锅中加热，使之成熟的烹调方法。炸是烹调方法中的一个重要技法，应用的范围很广，既是一种能单独成菜的烹调方法，又是能配合其他烹调方法的辅助手段，如与熘、烧、烹、蒸等共同成菜。

炸的技法以旺火、大油量、无汁为主要特点。油量多，无论体大、体小的原料都要将原料全部淹没，才能形成油炸菜肴的风味特色。所用的油温温差较大（120～240℃），同一锅油在炸制原料时变化幅度也会很大，只要善于掌控油温，熟悉烹调方法、菜肴特点，运用起来才会得心应手。炸的火力有旺火、中火、小火之分，还有先旺火后小火或先小火后旺火之别。油的热度有旺油、热油、温油之分，还有先热后温或先温后热之别，有的还有冷油下锅。所以，具体炸制应根据菜肴的要求，既要考虑到原料的老嫩、熟软的程度，水分的含量和体积大小，又要善于用火调节油温，控制加热时间，掌握油炸的次数，还要观察原料油炸时的色泽变化，配以码味、挂糊等技术操作方法，才能炸制出风味不同的菜肴。

根据菜肴制作方法和质感风味的不同，炸主要分为清炸、干炸、软炸、酥炸、脆炸、包卷炸、吉利炸、松炸等几种。

一、清炸

清炸是将原料加工处理后，不经挂糊上浆，只用调味品码味腌制入味，直接放入油锅中用旺火加热，使之成熟的烹调方法。

1. 特点

外清香焦脆、里鲜嫩，色泽金红或金黄。

2. 适用原料

主要是动物性新鲜、质地细嫩的原料，如乳鸽、鸡翅、鸡胗、里脊肉、仔鸡、排骨。

3. 操作要领

（1）加工原料。清炸的原料在刀工前要清洗干净。适合清炸的主要是改刀成花形和整形的原料，花形原料要求形体大小均匀，改刀的深浅一致；整形的原料要用竹签在原料肉厚处均匀地戳一遍，整只的鸡鸭要把大腿内侧贴骨割一刀，易于入味，炸制时易于成熟。

（2）原料码味腌制。清炸的原料必须进行码味，腌制的时间应根据原料性质和形状的大小而定。码味一般都选用盐、绍酒、葱姜、花椒、桂皮等一些调味品。

（3）清炸成菜。第一次初炸用旺火，五六成热的油温炸制原料定型成熟（整形原料因体型较大不易熟透，初炸时间要长一些），复炸用六七成热的油温炸至外皮香脆捞出，装盘斩件带味碟。

4. 操作流程

选料加工→切配整理→码味腌制→入锅炸制→重油复炸→装盘带味碟成菜。

5. 注意事项

（1）清炸菜肴码味不宜过重，因为原料油炸时没有糊的保护水分蒸发较多，口味会变重，同时还要蘸椒盐等味碟食用，所以调味口要轻。不用或少用酱油以免原料油炸上色变黑，乳鸽、仔鸡等菜肴表面要挂脆皮水。

（2）清炸成菜后整形原料要迅速斩件装盘，及时上桌，保证菜肴质感达到食用效果。

二、干炸

干炸是将原料经改刀处理后，用调味品腌制，然后拍干粉或挂水粉糊、全蛋糊，放入油锅中炸制的烹调方法。

1. 特点

鲜香浓郁、外焦里嫩。

2. 操作要领

（1）加工原料。干炸菜肴一般要切制成块、片或制成米粒状的肉馅，要求大小一致。有些原料表面剞花刀使其更加入味，易于成熟。

（2）原料调味腌制。随着菜肴的创新，干炸菜肴所用的调味品在以往的葱、姜、绍酒、盐、酱油、胡椒粉的基础上有了很大的突破，加入了蔬菜汁、南乳汁、蒜汁、海鲜酱等。调制馅类时比例很重要，添加水量适度才能保证菜肴的软嫩。

（3）制糊拍粉。干炸菜肴挂糊一般用水粉糊和全蛋糊，浓度要适中，拍粉后停留时间不能太长，以免干粉结成壳与原料分离。调馅使用的湿淀粉要泡透，不能有粉粒，要搅拌均匀。

（4）用六成热油初炸定型，五成半热油炸透，重油用六成半热油，时间不能过长，原料要分散入锅，防止粘连。

3. 操作流程

选择原料→刀工切配→腌制码味→拍粉或挂糊→入锅炸制→重油捞出→成菜。

4. 注意事项

（1）原料腌制码味要准确，肉类可以适当加水以提高原料嫩度。糊要干稀适度，糊干、厚，食用时口感不好；太稀入锅淋沥滴落，造成脱糊，原料干瘪。

（2）控制好油温、火力，高温入锅使糊快速凝固，保证制品形态。重油迅速，重油前要将锅中渣滓用筛网捞净，防止油渣高温炸糊黏附在菜肴上影响质量。

三、软炸

软炸是将质嫩而形小的原料经码味后挂糊，放入五成热的油锅中炸至成熟的烹调方法。一般经过两次炸制，第一次用温油，炸制原料外面的糊凝固，色泽一致时出。第二次用高油温炸制成熟，达到菜肴要求的色泽口感。

1. 特点

外酥香、内鲜嫩，色泽淡黄。

2. 适用原料

主要是鲜嫩易熟的鸡肉、鱼肉、虾、里脊、口蘑等。

3. 操作要领

（1）原料加工。软炸的原料需要去骨去皮，除净筋膜，为了增加味的渗透和使其细嫩的质感，应在原料表面剞一定深度的花刀，然后按菜肴的要求改成小块、小条、薄片等规格。

（2）码味。软炸常用的调味品是精盐、胡椒粉、绍酒、味精、葱、姜、嫩肉粉，这些调味品既可以增加原料的鲜香味又可以除去异味，同时也不会影响菜肴的颜色。码味时基本达到成菜的口味标准，但也要考虑味碟的口味咸度。一般码味的时间为 10~15 分钟，可保证原料基本入味。

（3）挂糊。软炸的菜肴所挂的糊主要是蛋清糊。调糊时要考虑原料的含水量、软嫩度，掌握好糊的干稀程度，一般保持糊在入锅前不滴落为准。挂糊应略薄，保证成菜具有外酥香、内软嫩，不影响原料本身的鲜香味为好。

（4）炸制。第一次用中火，四五成热油，原料分散入锅，炸制断生即可。第二次用旺火速炸，重油便走，菜肴达到浅黄色即可。

（5）迅速装盘。软炸菜肴成熟后迅速装盘，可配生菜带椒盐上桌。软炸使用的蛋清糊易回软，如果停留时间稍长，原料中的水汽外溢，糊便会软塌，影响菜肴口感及外观。

4. 操作流程

选择原料→刀工切配→码味→调糊→挂糊→初炸→重油→装盘成菜。

5. 注意事项

（1）选用新鲜无异味的原料，如鸡脯肉、无刺的鱼肉、鲜嫩的里脊。

（2）刀工要细致，剞刀深浅适度，一般切入原料的1/2。可用刀背将原料轻轻砸松，既便于腌制时入味又可使原料易熟。

（3）码味使用的绍酒要掌握好用量，成菜后不能有酒味。各种调味品要拌匀，使调味品渗透均匀，防止调味不均。

（4）挂糊在油炸之前完成，不要太早，挂好后立即放入锅中炸制。

（5）第一次油炸时，根据原料在锅中成熟情况要及时捞出，软炸原料易成熟，不可炸制时间过久。第二次炸制时，油温要控制好不易太高，达到色泽、口感即可。

四、酥炸

酥炸是将鲜嫩的原料或码味蒸制软熟的原料挂酥糊或拍一层干粉放入油锅中炸制成菜的烹调方法。

1. 特点

外酥松、内软嫩、色泽金黄、香飘四溢。

2. 适用原料

鱼虾、鸡鸭、猪肘、羊肉等。

3. 操作要领

（1）原料的加工。原料的加工方法很多，家禽初加工后用背开的方法使其成为一个平面，将胸骨、腿骨斩断以防蒸不透和变形；虾仁要挑净虾线（虾肠）；鱼肉除净刺；畜肉剔净筋膜。

（2）鲜嫩的原料经过码味、蒸制的原料用调味品涂抹均匀，然后进行蒸制。

（3）鸡鸭、畜肉直接炸制不易炸透，而且达不到香酥的效果，要进行初步熟处理。鸡鸭一般进行蒸制，肉类可以煮制，无论蒸煮都要将原料调好底味，姜、葱、香料不可缺少，要将原料加工软熟。

（4）使用的糊以酥糊为主，一些原料可直接拍干粉炸制，根据菜肴的需要选择使用。熟制的原料挂糊前要拍一些干粉，既可以起到吸水的作用又可以使糊与原料接触得更紧密。

（5）第一次用五六成的热油炸制，达到挥发水汽、炸透、初步上色的目的。第二次用六七成热油重油，把渗入原料的油分逼出，使菜肴酥松发脆、色泽金黄。整形的菜肴酥炸后立即改刀，斩块装盘。

4. 操作流程

原料加工→码味→熟处理→拍粉挂糊→油炸→重油→改刀→装盘成菜。

5. 注意事项

（1）原料进行初步熟处理时要掌握好汤汁、火力、调味几个方面，控制好原料的成熟度，原料软熟但不能过于熟烂，以免油炸时破碎失去美观的形态。

（2）半生品油炸前，要擦干表面的水分和油脂，以免油炸时因原料所带的水分使油爆溅伤人。另外油脂和水分也会造成糊和粉粘不牢，油炸过程中容易与原料脱离。

（3）油炸的火力要先高后低最后高温，防止原料浸油。由于酥炸菜肴油脂较重，上桌时可以配一些生菜、嫩黄瓜条、面酱、番茄沙司等味碟。

第三节　熘菜制作

熘是将切配后的小型原料或整条原料经码味后选用滑油、油炸、蒸、煎、煮等不同的熟处理方法加热成熟，再浇淋芡汁或投入调好的芡汁中翻拌均匀成菜的烹调方法。

熘制菜肴一般都要经过以下几个步骤来完成。

第一步是熟处理，熘制的菜肴都要经过油炸、滑油、蒸、煮等方法的熟处理，成为滑嫩或焦脆等不同质感的半成品。

第二步是调制熘汁，就是调制较浓稠的味汁。一般有两种：一种是勺内调制，称为卧汁，就是把菜肴所用的调味品、汤汁烹入勺内调好口味勾芡而成；另一种是把调味品与汤汁、水淀粉放入碗内调好，也称兑汁。

第三步是熘制菜肴：一种是将熟处理的原料投入卧汁中颠翻均匀或将勺中的汁浇淋在装入盘内的菜肴上；另一种是把熟处理的原料投入锅中，随后把兑好的粉汁泼淋锅中，颠翻均匀出锅装盘的方法。

熘制方法的分类有焦熘、滑熘、软熘。

一、焦熘

焦熘又称脆熘、炸熘，是将经过挂糊的原料用热油炸制外焦里嫩，然后投入调好的卤汁中翻拌均匀或装盘把卤汁浇淋在上面成菜的烹调方法。

1. 特点

外焦脆、内鲜嫩，卤汁稠浓色味俱佳。

2. 适用原料

鲜嫩的肉类、蔬菜、水产品均可，如精猪肉、鱼虾、鸡鸭肉、茄子等。

3. 操作要领

（1）原料一般切成片、块、段或剞花刀，最常用的形态是滚刀块、厚片、菱形块。切好的原料要经过码味腌制，原料经挂糊后调味汁无法渗入原料的内部，所以焦熘的菜肴一般都要腌制，码味以咸味为主，口味要占总量的1/3左右，调味品主要是盐、绍酒、姜、葱、胡椒粉。

（2）调糊、挂糊。焦熘的菜肴一般使用水粉糊，水粉糊成熟后具有焦脆的口感，能体现焦熘的特点。另外也可以拍干粉或使用蛋清糊、全蛋糊，这要根据菜肴的要求来进行选择。

（3）过油炸制。油炸是焦熘的重点操作部分，油炸时采用热油炸透，重油出质感和色泽，所以要取得外焦里嫩的口感，油量、油温、火候的控制尤为重要。

（4）熘制菜肴的口味一般有咸鲜、糖醋、荔枝、鱼香几种，使用的调味品都是较常用的，关键是各种调味品和汤汁、淀粉的比例较难掌握。根据菜肴的不同特点，勺内熘制的菜肴要求明油亮芡, 卤汁紧包住原料。浇汁的菜肴要求采用二流芡, 就是菜肴上挂有部分芡汁, 盘中也有一定的芡汁衬托主料, 菜肴给人的感觉较润滑光亮。

4. 操作程序

原料初加工→切配→码味腌制调糊→油炸→重油→熘制→成菜。

5. 注意事项

(1) 原料切配时要规格一致, 以免造成成熟不均。形状不能太大, 否则外焦内生; 如果太薄小也会造成原料干瘪焦糊。

(2) 糊要将原料全部包裹起来, 糊的干稀度以挂匀原料表面、缓缓下流不滴落、不成块为好。水粉糊使用时要不断搅拌, 因为淀粉不溶于水容易沉淀, 同时通过搅拌也能使粉粒与水更好地融合。不要将过多的原料埋入糊内, 这样做并不能使糊挂得更匀反而会在拿取原料时将原料拉断。如果原料拍干粉, 一定要稍作停留让原料表面的水分与粉粘裹得更牢一些, 下锅前要将未粘牢的粉抖掉, 以免掉落锅内污染油脂。

(3) 油炸时, 初炸用六成热的油, 原料定型火力调小, 原料成熟捞出, 七成热重油动作要快。

(4) 调制卤汁时掌握好调味品、汤汁、湿淀粉三者的比例, 一般焦熘菜以调好的卤汁均匀挂在原料表面后略有余汁即可; 浇汁的菜, 卤汁浇淋在菜肴上缓慢向下流动, 最后部分留在原料表面即好。

(5) 不论浇汁还是粘裹芡汁, 操作时一定要迅速, 原料油炸后要在最短的时间内完成熘制, 及时上菜才能保证菜肴外香脆、内鲜嫩的特点。

【菜例】焦熘肉段

主料: 猪精肉 300 克。

调料：精盐 2 克，绍酒 10 克，生抽 8 克，老抽 2 克，白醋 5 克，葱、姜、蒜适量，鲜汤 30 克。

辅料：青椒 30 克、湿淀粉 10 克、淀粉 100 克、清水 100 克、色拉油 2 千克。

烹制：

（1）将精肉改刀切成长 4 厘米、宽 2.5 厘米、厚 1.5 厘米的段，用 3 克绍酒、2 克盐码味腌制 10 分钟。青椒去籽、筋，切成菱形块，葱花、姜片、蒜片切好。

（2）将调味品、鲜汤、湿淀粉调成碗汁备用，调制水粉糊。

（3）净锅上火添油烧至六成热，将肉段取出一半放入糊中拌匀逐一下入锅中，肉段外皮变硬并浮起时，用漏勺捞起颠翻，将粘连的肉段打开置于油桶上，把另一部分肉段下入，炸制浮起捞出。油温升至七成热，肉段重油捞出。

（4）锅内留少许底油，青椒、葱、姜、蒜爆香后下入肉段翻锅，迅速将碗汁搅散泼入锅内，颠翻均匀，淋明油出锅装盘。

特点：外酥里嫩、明油亮芡、咸鲜味美。

二、滑熘

滑熘又称鲜熘，是指将切配成形的原料经码味、上浆后，用油滑熟，烹入调好的芡汁成菜的烹调方法。

1. 特点

清淡味鲜、滑嫩。

2. 适用原料

滑熘一般选用细嫩的鸡肉、鱼肉、里脊等。

3. 操作要领

（1）原料切配成片、条、丝状，用蛋清上浆。选用色泽鲜艳、嫩脆的辅料，如冬菇、冬笋、菜心、木耳、彩椒等。

（2）码味以盐为主，上浆不易过厚，浆液薄薄地黏附在原料表面，拌上少许色拉油，既能起到使原料更嫩又能使原料易于滑散。

（3）滑油熘制时使用中等火力，一般采用卧汁熘的方法，也可以用原料入锅调好口味再勾芡成菜的方法。

4. 操作流程

刀工切配→码味上浆→滑油→调制卤汁→熘制→成菜装盘。

5. 注意事项

（1）滑熘菜肴鲜嫩软滑，所以一定要选用鲜嫩的原料并剔除筋膜。码味时可以适量加入嫩肉粉来增加原料的嫩度，上浆要薄，码味要轻。

（2）滑油时，原料入锅后用手勺轻轻推动，防止将原料搅碎，油温以四成热为宜。滑好的原料不要用漏勺捞起，应该将原料与油一起倒入漏勺中沥油。

（3）滑熘菜肴的鲜汤用量略多，芡汁略少，这样成菜才能滑嫩滋润。菜肴一般为白色或原料本色，所以很少使用酱油等有色调味品。

第四节　爆菜制作

爆又称油爆，是将质地脆嫩的动物性原料经刀工切配成丁、片或剞上花刀，用旺火热油过油处理后，快速下入锅中烹入兑好的芡汁，用旺火爆炒而成的烹调方法。

1. 特点

紧汁包芡、汁明油亮、脆嫩鲜香、形色美观。

2. 适用原料

适宜爆制的原料多为具有韧脆的动物性原料，如鱿鱼、猪腰、鸡鸭胗、肚仁、精肉、海螺等。

爆的烹调方法可以分为油爆、葱爆、酱爆、芫爆、汤爆，最常用的方法是油爆和葱爆，这里主要介绍油爆的操作方法。

3. 操作要领

（1）选择的原料要新鲜质嫩而且具有一定的脆性，初加工要干净。适合油爆的原料很多带有一些异味，所以加工时可以用醋、盐、酒、淀粉反复地清洗几遍。

（2）改刀成型时一般要剞花刀，切制时刀的间距和深度要均匀，做到深而不透、疏密有序，才能成型美观、成熟一致。

（3）爆菜要预先调制碗汁。爆菜的烹调时间非常短，不允许逐次加入调味品，所以要将所用的调味品与湿淀粉调匀。要掌握碗汁的量，成菜后芡汁要全部包裹住原料。

（4）上浆过油。一般原料都要上浆，其目的就是保证原料的水分和制品的口感，要薄、干，这样既不影响原料的成形也不影响原料的口感。过油的油温要高，达到六七成热，原料才能迅速翻花成型。

（5）旺火爆制。原料熟处理后迅速投入锅内爆制，烹入味汁翻匀淋油成菜。

4. 操作流程

选料→改刀→码味→上浆→调制芡汁→熟处理→爆制→成菜。

5. 注意事项

（1）原料改刀要薄小，改花刀技术娴熟才能保证原料成熟一致、美观大方。

（2）火力旺，速度快。做到过油、控油、炝锅、爆制、烹汁、翻锅、起锅、装盘动作迅速，一气呵成。

（3）爆菜的基本标准是油包芡、芡包浆、浆包料、脆嫩鲜香、爽口不腻、汁明油亮，食后盘内没有余汁只有少许的油。

第五节　炒菜制作

炒是将切配好的丁、丝、片、条、粒等小型原料，用中油量或少油量以旺火快速烹制成熟的烹调方法。

根据制作方法和成菜的特点分为滑炒、生炒、熟炒、软炒、清炒、干煸。

一、生炒

生炒是将整理好的原料加工切配成丝、丁、片、条、段等形状，不经挂糊、上浆，直接下入锅中用旺火热油快速炒制成菜的烹调方法。

1. 特点

清香脆嫩、汁薄入味、爽口不腻。

2. 适用原料

一般选用新鲜脆嫩的青菜为主料，鲜嫩易熟的肉类为辅助原料，葱、姜、蒜为调味蔬菜。

3. 操作要领

（1）原料加工。新鲜蔬菜除去老叶、根须用清水洗净略泡，使其吸收水分变得更加脆嫩。根茎原料削净外皮，刀工切配成片、丝、条等均匀的规格，用清水泡洗去掉部分淀粉。肉类剔除筋膜，切配成薄小、易熟的形状。

（2）入锅炒制。炒锅洗净烧热后用油涮锅使锅光滑，旺火热锅添加凉油，爆香葱、姜，加入生料炒制成熟调味出锅。

4. 操作流程

原料加工→刀工切配→旺火热锅→下料炒制→调味出锅→成菜装盘。

5. 注意事项

（1）炒制绿叶青菜时刚熟立即出锅，蔬菜炒制最忌过火，会失去清脆鲜嫩的口感。掌握火候尤为重要，多一分过火、少一分生硬。

（2）辅助的肉类原料有两种入锅方式。一种是将肉类预先熟制（炒熟或滑熟），在主料热锅翻炒均匀后放入一起炒制成菜；另一种是将主料入锅炒制断生起锅，另起锅将肉类和调料炒出香味后放入主料一起翻炒均匀，出锅成菜。

（3）高温快炒，配合娴熟，勾芡适度。生炒的关键在于火候，因此炒制时火力的控制要以锅内原料的变化为依据。翻锅技术要娴熟，原料入锅立即用手勺打散颠翻，投放调味品准确把握时机和数量。勾芡要在菜肴即将成熟时进行，根据菜肴的数量和汤汁的量来勾芡，以芡薄粘味抓菜即可，不能出现粉芡打团、菜肴粘连的现象。

二、熟炒

熟炒是指将经过初步熟处理的原料再经过切配后，直接用中火热油加调配料炒制成菜的烹调方法。

1. 特点

酥香滋润、咸香浓郁。

2. 适用原料

新鲜无异味的熟肉、香肠、腊肉、酱肉、拆骨肉等，用大葱、蒜苗、青椒、蒜台等香辛浓郁、质地脆嫩的蔬菜作为辅助原料。

3. 操作要领

（1）原料的初步熟处理。将原料洗净焯水后，放入水锅中用中火把原料煮至断生、刚熟或软熟的程度捞出晾凉备用，还有一些吊汤后的原料煮好后，将肉拆下做熟炒的原料使用。腊肉、腊肠一般采用蒸制的方法加热成熟。

（2）原料的刀工切配。将煮熟晾凉的原料切成厚薄均匀的片、粗丝、条等稍大的形状，辅助原料切成与主料相近的形状，姜、葱、蒜一般切成片、滚刀块。

（3）中火加热，将原料炒吐油再下入辅料、调料煸炒出香味。

4. 操作流程

选料→熟处理→切配→中火煸炒→调味烹炒→成菜装盘。

5. 注意事项

（1）熟炒最好选用新鲜质嫩、肥瘦比例适当的臀尖肉、上脑、上五花肉、肥嫩的鸡鸭。配合的青菜选用新鲜、有一定香气、出水少的原料。

（2）要根据原料的品种、性质来决定熟处理的成熟度，如牛羊肉要煮的软熟，肥瘦相间的猪肉煮至刚熟即可。

（3）切制时形状稍大一些，因为熟炒的原料不上浆、不挂糊，所以原料受热会卷曲。

（4）炒制时用中火加热，把原料中的水分、油脂炒出来才能使原料香气浓郁，同时加入酱料。只有用中火才能炒出香味，旺火容易把料炒糊。

三、滑炒

滑炒是将刀工处理的动物性原料加工成丝、片、丁、粒等小型形状或剞上花刀后改条块状，经码味上浆，用中油量滑油断生后，以旺火，中、小油量快速烹制，烹入兑好的粉汁或调味勾突炒制成菜的烹调技法。

1. 特点

鲜嫩爽滑、紧汁亮油。

2. 适用原料

主要是鲜嫩的动物性原料，如里脊、鱼肉、虾仁、鸡肉等。

3. 操作要领

（1）刀工切配。为了保证菜肴鲜嫩的特点，原料一般要加工成粗细一致、厚薄相同的丝、片。

（2）码味上浆。使用绍酒、精盐、味精、胡椒粉将原料腌制，采用蛋清浆给原料上浆，以原料的质地来确定浆的干稀厚薄。本身含水量较多的原料可用干粉上浆。

（3）滑油兑汁。按照学习过的滑油内容进行操作，中油量、低油温滑油，原料滑熟立即倒出控净油。为了节约时间加快烹调速度，可以在滑油前将调味品与湿淀粉、鲜汤调和在一起兑成碗汁。

（4）炒制。中等火力、小油量将葱、姜爆香后把配料炒好，立即投入主料，炒匀调味勾薄芡或烹入事先调好的芡汁，淋明油起锅装盘。

4. 操作流程

选料→刀工切配→码味上浆（兑汁）→滑油→炒制烹入味汁（调味）→成菜。

5. 注意事项

（1）根据菜肴要求选用合适的原料，刀工切配规格相同，保证菜肴成熟一致。配料的形状与主料相同，丝配丝、片配片协调一致。

（2）码味上浆时动作要轻，防止用力过大将原料抓碎。上浆后要静置一段时间使原料与浆充分融合，保证滑油时不脱浆。

（3）滑油时油温、火力要控制好，过高会使原料粘连，过低会使原料脱浆。

（4）炒制时动作迅速，调味准确。勾芡和调制碗汁时，淀粉的用量要考虑原料经上浆后已经产生黏性，不宜用太多，芡汁能均匀裹住原料即可。

四、干煸

干煸又称干炒，是指将切配成粗丝或条、段的原料，用中小火、少油量连续不断地翻炒，炒出原料的水分再调味，使之艮韧干香的烹调方法。

1. 特点

麻、辣、干、香、韧的口感和金红的色泽。

2. 适用原料

适合干煸的原料要有一定的韧性，如牛肉、鱿鱼、猪肉等，辅料应选用香气浓郁、质感脆嫩的植物性原料，如芹菜、香菜、青椒、蒜薹、圆葱、蒜苗等。

3. 操作要领

（1）一般将原料刀工切配成粗丝、条、段和自然形态，丝条规格应略长一些，因为干煸时原料水分蒸发会收缩。芹菜多用于配料的使用，要选用鲜嫩的内芯并用刀拍松再切。

（2）腌制拉油。把主料用绍酒、生抽、香料腌制一段时间使其入味着色。原料腌好后锅内加宽油烧至五成热，把主料下入滑成葴软的状态，这样既能缩短煵制时间又能保持原料色泽和干香滋润的质感。

（3）用中火温油，放入滑好的原料，反复煵制至油清光亮、原料干香，放入调辅料炒出香味，淋香油（红油）出锅。

4. 操作流程

选料→切配→腌制码味→拉油煵制→炒制成菜→装盘。

5. 注意事项

（1）选用细嫩无筋的瘦肉，干煵成菜后酥软化渣。刀工切配规格一致，受热均匀成菜后有良好的口感。

（2）掌握好油温、煵制的火力。火力旺，原料内部水分来不及蒸发，会出现外焦内不透的现象；火力小，原料水分不能大量的蒸发会潮而不酥。要求干香滋润、微有艮韧的口感。

（3）干煵时要防止原料粘锅焦糊，调味适度，多味并重。

第六节　烧菜制作

烧是将主料经切配加工和初步熟处理后加适量汤汁和调味品，先用旺水烧沸，然后改用中小火烧透入味，再旺火收汁成菜的烹调方法。

按照成菜的加工方法和风味特点，一般分为红烧、白烧、干烧、葱烧、辣烧等几种，本节主要介绍红烧、葱烧的烹调方法。

一、红烧

红烧是指主料经初步熟处理（煎、煸炒、油炸或焯水）后，用葱、姜炝锅，添加汤水及有色调料或糖色再放入原料，旺火烧沸，中、小火烧透入味，再以旺火勾芡或自然收浓汤汁的烹调方法。

1. 特点

色泽红润、汁浓味厚、质地酥烂、明油亮芡。

2. 操作要领

（1）要选择耐加热的原料，原料一般是条、块、厚片等形状。

（2）红烧的原料基本上都要经过初步熟处理，主要是为了使原料上色、定型和去除一些异味，其方法是油炸、焯水、煎和水煮。

（3）烧制时以葱、姜先炝锅，然后加入以糖、酱油为主的调味品，添入的鲜汤以把原料烧透、成熟后剩余约一手勺的汤汁为好，如果剩余汤汁过多可以将原料盛出后旺火收浓。

（4）成菜后将剩余的汤汁调准口味和色泽勾芡，淋明油浇在菜肴上，如果原料的胶质较多或加入很多的糖可以不用勾芡使其自然收汁。

3. 操作流程

选择原料→刀工切配→熟处理→入锅烧制→中火烧透→旺火收汁→装盘成菜。

4. 注意事项

（1）半成品加工时掌握好成熟度，原料上色、定型即可。加工好后应尽快进行烧制，以免影响菜肴的色、香、味、形等方面。

（2）烧制菜肴的汤汁要一次加足，中途不要添汤，汤量以没过原料为好。同时，烧制时要防止原料糊锅，一些调味品如葱、姜、八角等使用后要及时拣出，如果能把汤汁过滤更好。

（3）收汁时准确把握好调味品的口味，不能因汤汁收浓后口味变得太咸，另外也不能将汤汁收得太干或烧焦，收汁和打明油同时进行，这样能达到汁浓油亮的效果。

【菜例】红烧鲤鱼

主料：鲜活鲤鱼一尾，重约 1 千克。

调料：生抽 20 克，老抽 3 克，精盐 3 克，绍酒 15 克，糖 10 克，醋 10 克，味精 2 克，八角 1 个，清汤 500 克，色拉油 2 千克，湿淀粉 20 克，葱、姜、蒜适量。

烹制：

（1）将鲤鱼击昏，刮净鳞、去鳃开膛取出内脏洗净。在鱼的身体两侧每隔 2 厘米剞花刀，深度至鱼骨。姜片、葱段、蒜瓣切好。

（2）炒锅上火添油烧至七成热，将鱼表面的水分擦干后投入油锅炸至外皮变硬捞出。

（3）炒锅上火留底油 30 克，下姜、葱、蒜爆香，将鱼入锅烹绍酒、醋、生抽，出香味后添汤烧开，用老抽调色，加入盐、糖、八角后，汤开打沫，改小火烧至入味。

（4）锅中汤汁剩 1/5 时，拣出姜、葱、蒜、八角，将鱼盛起装盘，余汁加入味精勾芡、淋明油浇在鱼上即可。

成菜特点：色泽红润、香鲜味美、汁明油亮。

二、葱烧

葱烧与红烧的方法比较接近，就是在烧制菜肴的过程中加入以大葱为主要的调味品，成菜后菜肴具有浓郁的葱香味道的烹调方法。

1. 特点

软糯适口、葱香浓郁。

2. 适用原料

海参、蹄筋、海螺等。

3. 操作要领

（1）原料经过初步加工后，进行初步熟处理。因为适合葱烧的原料一般为水发好的干料，所以初步熟处理的方法一般采用焯水和拉油，目的是使原料预热和去除异味。

（2）油炸葱白，留取葱油。葱烧时一定要选用葱白，因为葱白受热后葱香味浓且色泽金黄，采用油炸的方法处理并将葱油保留备用。

（3）烧制。原料倒入炒好糖色的锅中，加入葱段、绍酒、酱油、鲜汤，烧透入味后勾芡、淋葱油即成。

4. 注意事项

（1）葱烧菜肴一定要选用大葱来制作，才能体现出葱烧的特色。

（2）大葱用六成热的油温炸制，成金黄色即可捞出。油炸葱白时，油要保留在菜肴勾芡时作明油使用。

（3）烧制的时间不宜过长，以原料熟软入味即可起锅成菜。

第七节　煎菜制作

煎是指将加工成泥、粒或扁平状的原料腌制好后，经拍干粉或挂糊后用中小火、少油量将两面煎至金黄并成熟的烹调方法。

1. 特点

色泽金黄、外酥内嫩，既有炸的特点又比炸更香嫩，而且比炸省油。

2. 适用原料

鲜嫩的鸡鸭、鱼虾、牛羊猪肉、鸡蛋、海鲜等。

3. 操作要领

（1）选料切配。选用新鲜无异味、质地细嫩的原料，配成薄小或整形剞上花刀。

（2）码味、拍粉、挂糊。切制好的原料用绍酒、盐、味精、葱、姜、胡椒粉、花椒粉等码味腌制，腌好后拍干粉或挂全蛋糊。

（3）煎制。先将油锅洗净烧干用油滑过，放入适量油烧至五成热，将原料有顺序地排列在锅内（或将原料拖糊逐一放入锅内），用小火两面煎至金黄、酥脆后沥油出锅，带味汁上桌。

4. 操作流程

选料→刀工切配→码味腌制→拍粉挂糊→煎制→成菜。

5. 注意事项

煎制时用中火温油，原料入锅煎制定型后要不断转动锅，使其受热一致，成熟均匀。一面煎好后再煎另一面。煎制方法又是一种常用的初步熟处理方法，可与烧、蒸、焖、烹、熘等烹调方法相结合，操作时根据要求灵活掌握。

【菜例】柠汁软煎鸡

主料：嫩鸡一只 750 克。

调料：精盐 15 克，绍酒 10 克，胡椒粉 2 克，色拉油 100 克，西柠汁 100 克（制作方法调味中有介绍）。

辅料：生粉 50 克，生菜适量。

烹制：

（1）将鸡起肉去骨保留整件，用刀背轻锤一遍。用盐、酒、胡椒粉腌制 30 分钟。

（2）将鸡拍一层生粉，下入已烧热的油锅中用小火慢煎制，待两面金黄起锅改刀装盘。

（3）另备西柠汁和生菜与鸡一同上桌。

特点：鸡肉外脆里嫩滑、色泽金黄、甜酸爽口。

第八节　烹菜制作

烹是指将新鲜质嫩的原料切成条、片、块等形后，挂糊或拍粉用旺火热油炸至金黄色、外酥里嫩捞出，倒入热锅中烹入兑好的味汁，颠翻成菜的方法。

1. 特点

外酥香、里鲜嫩，由于不勾芡所以菜肴爽口不腻。

2. 适用原料

新鲜易熟的大虾、里脊、鱼肉、茄子等。

3. 操作要领

（1）原料一般切成条、块、片及自然形态，为了使原料易熟，加工的形态不易过大。

（2）原料经过码味腌制使其入味，挂糊、拍粉（以淀粉为主）才能保证菜肴酥脆的口感。

（3）调制的味汁不加入淀粉，口感清爽。口味以咸鲜、糖醋、荔枝为主，为了使菜肴吃起来爽口，醋、蒜的比例可以略大一些。

（4）"逢烹必炸"，油炸时温度要高，以干炸的方法来操作。由于没有淀粉勾芡，原料吸收汤汁中的水分会使原料变得软塌影响口感，所以烹制时动作要迅速、汤汁要少、火力要旺。

4. 操作程序

选料→切配→码味→挂糊或拍粉→调制味汁→油炸→烹制→成菜装盘。

5. 注意事项

（1）原料挂糊不易太厚，否则影响酥脆的口感，但也不能太薄，太薄也会造成外皮软塌，口感绵软。

（2）调味汁的数量不能太多，以烹制后多数挂在原料表面、勺内有少量的余汁或基本烹干。

（3）成菜迅速，及时上桌。

第九节　烩菜、炖菜和焖菜制作

一、烩

烩是将加工成片、丝、条、丁、粒的多种原料一起用旺火制成半汤半菜的一种烹调方法。烩菜的原料一般都要经过初步的熟处理，也可以配一些质地柔嫩、极易成熟的生料。烩菜一般以白烩居多，因此，要用白汤，并且都要勾薄芡。有些要求汤清味爽的烩菜，则用清汤，不勾芡，这种方法叫清烩。烩菜的特点是汤宽汁厚，口味鲜浓，色彩鲜艳，如酸辣肚丝汤、奶汤肚块等。

二、炖

炖是将原料放在陶制或瓷制的器皿内，用小火长时间加热而制成汤菜的一种烹调方法。它要求将原料先用沸水烫去腥污，

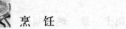

再放入陶制的器皿内，加入调味品和水（要一次加足，中途不宜追加），然后直接放在火上加热。炖制时，先用旺火烧沸，再改用微火炖至酥烂，一般两三小时。菜品的特点是酥烂味厚，清鲜爽口，如清炖甲鱼、冬瓜盅等。

三、焖

焖是将经过初步熟处理后的原料放锅中，加适量的调味品和汤汁，盖紧锅盖，用小火长时间加热成熟的一种烹调方法。焖的方法可使菜肴形态完整，不碎不烂，汁浓味厚，酥烂鲜醇。用焖的方法制作菜肴，原料多用韧性较强、质地细腻的动物性原料，如鸡、猪肉、鱼等。原料在焖制前的初步熟处理，应根据原料的性质和烹调要求决定，如焖鸡须煸，焖鱼须煎、焖肉须煮等。焖制时所加入的汤汁数量要适宜，制成后汤汁紧浓。有些焖菜出锅时可以勾芡，但勾芡的数量不宜过多，由于焖制时所用的调味品不同，又形成了红焖、黄焖、酱焖之分，但在烹调方法的要求上是一致的，如栗子黄焖鸡、蒜薹焖肉片等。

主要参考文献

丁建军，张虹薇，李想 . 2018. 烹饪知识 ［M］. 北京：北京理工大学出版社.

杨征东 . 2015. 烹饪原料加工技术 ［M］. 北京：知识产权出版社.

主要参考文献

丁世飞, 张亚飞, 李淑琴. 2018. 深度学习 [M]. 北京: 北京理工大学出版社.

杨荣泰. 2015. 离子膜电解工艺技术 [M]. 北京: 知识产权出版社.